科学のアルバム

たまごのひみつ

清水　清

あかね書房

もくじ

たまごのできかた●2
受精《じゅせい》●6
たまごのあたためかた●8
はいの育《そだ》ちかた●10
心《しん》ぞうのできかた●18
四日《か》目《め》のはい●21
魚《さかな》ににている●22
血管《けっかん》のひろがり●25
はいのまく●26
目《め》のできかた●30
赤子《あかご》●32
うまれてすぐ歩《ある》くひな●34
ひなのたんじょう●36
たまご、それは生命《せいめい》のカプセル●41
たまごを敵《てき》からまもるために●42

からの中《なか》の進化《しんか》●44
しっていますか、たまごのひみつ●48
茶《ちゃ》わん法《ほう》で観察《かんさつ》しよう●50
たまごの中《なか》の二十日間《はつかかん》●52
あとがき●54

構成●七尾 純
協力●小野精一
写真協力●右高英臣
佐藤有恒
桜井淳史
菅原光二
伊藤信男
イラスト●森上義孝
渡辺洋二
林 四郎
装丁●画 工 舎

科学のアルバム

たまごのひみつ

清水　清（しみず　きよし）

一九二四年、長野県伊那《いな》市に生まれる。

東京第一師範《しはん》（現東京学芸大学）・東京理科大学卒業後、小学校をかわきりに、中学・高校・大学で生物学を教える。そのかたわら、生物の写真を撮《と》りつづけた。

著書《ちょしょ》に「食虫植物のひみつ」「植物はうごいている」（共にあかね書房）、「食虫植物」「植物の名前小事典」（共に誠文堂新光社）「ハエトリグサ」「寄生《きせい》植物」（共に岩崎書店）、「富士山の植物」（東海大学出版会）などがある。

一九九九年、逝去《せいきょ》。

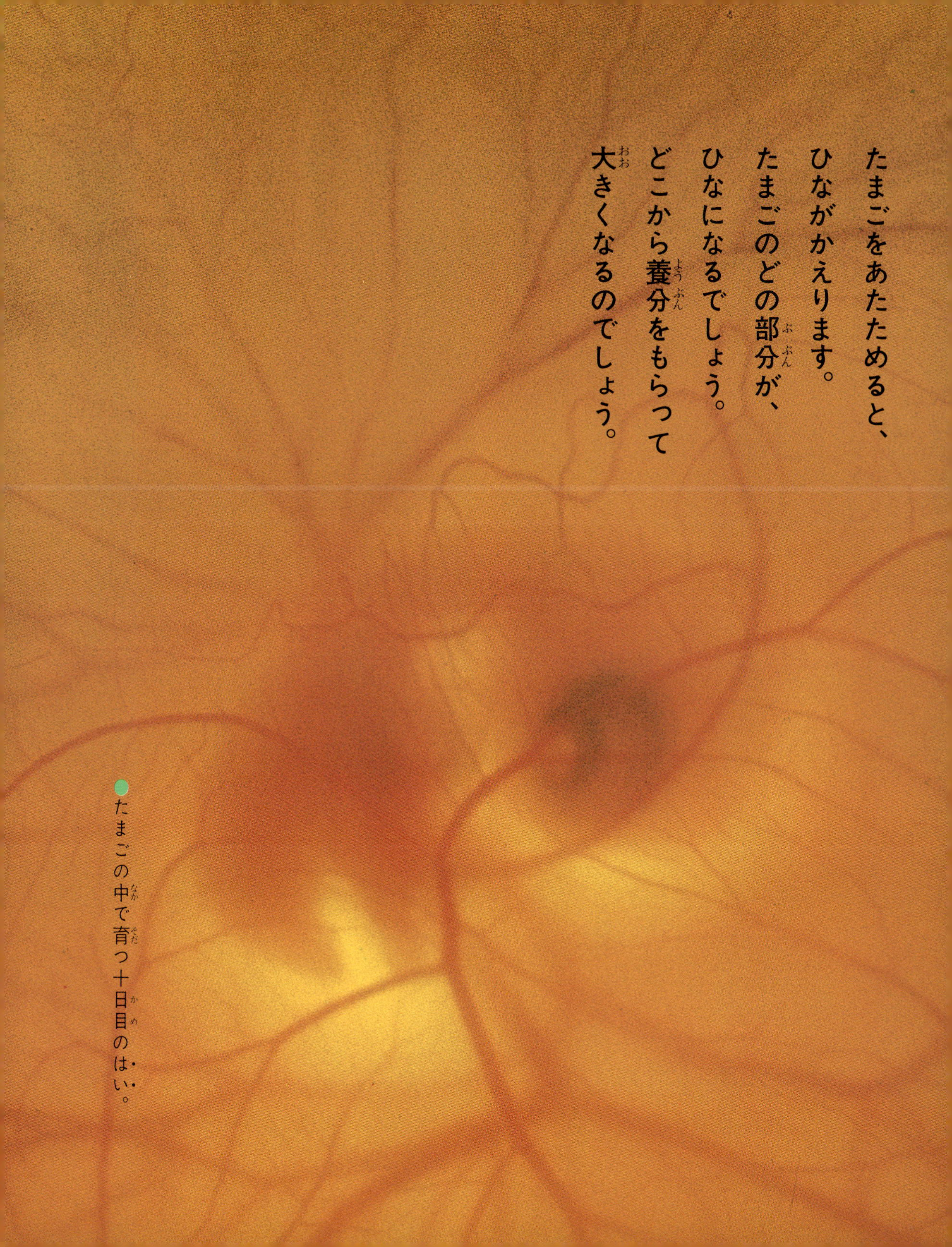

たまごをあたためると、
ひながかえります。
たまごのどの部分《ぶぶん》が、
ひなになるでしょう。
どこから養分《ようぶん》をもらって
大《おお》きくなるのでしょう。

●たまごの中《なか》で育《そだ》つ十日《か》目《め》のはい。

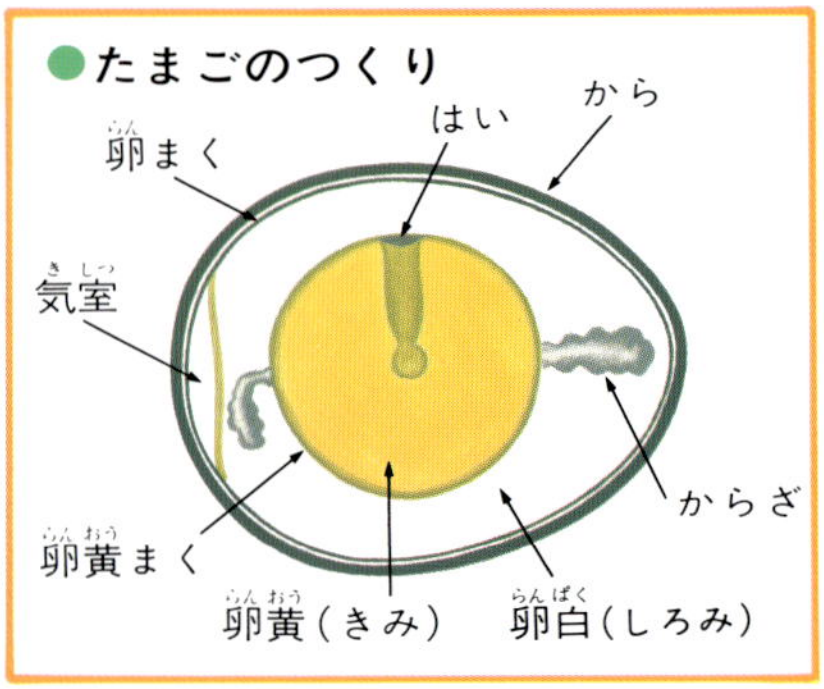

たまごのできかた

ニワトリには、おすとめすがあります。たまごは、めん鳥《どり》がうみます。

たまごのつくりは、いちばん外側《そとがわ》から、かたいから、うすい卵《らん》まく、すきとおった卵白《らんぱく》、卵黄《らんおう》からできています。卵黄《らんおう》の表面《ひょうめん》には、まるくて白《しろ》いはい（芽《め》のようなもの）があり、ひなは、このはいが育《そだ》ってできます。

たまごのできかたは、まずめすのからだの中《なか》の卵巣《らんそう》というところで、卵黄《らんおう》がつくられます。卵黄《らんおう》が大《おお》きくなると、たまごの通《とお》るくだに、ひとつずつはいります。

卵白《らんぱく》やからは、くだをおりてくるあいだに、つけられるのです。

●たまごのうまれるまで

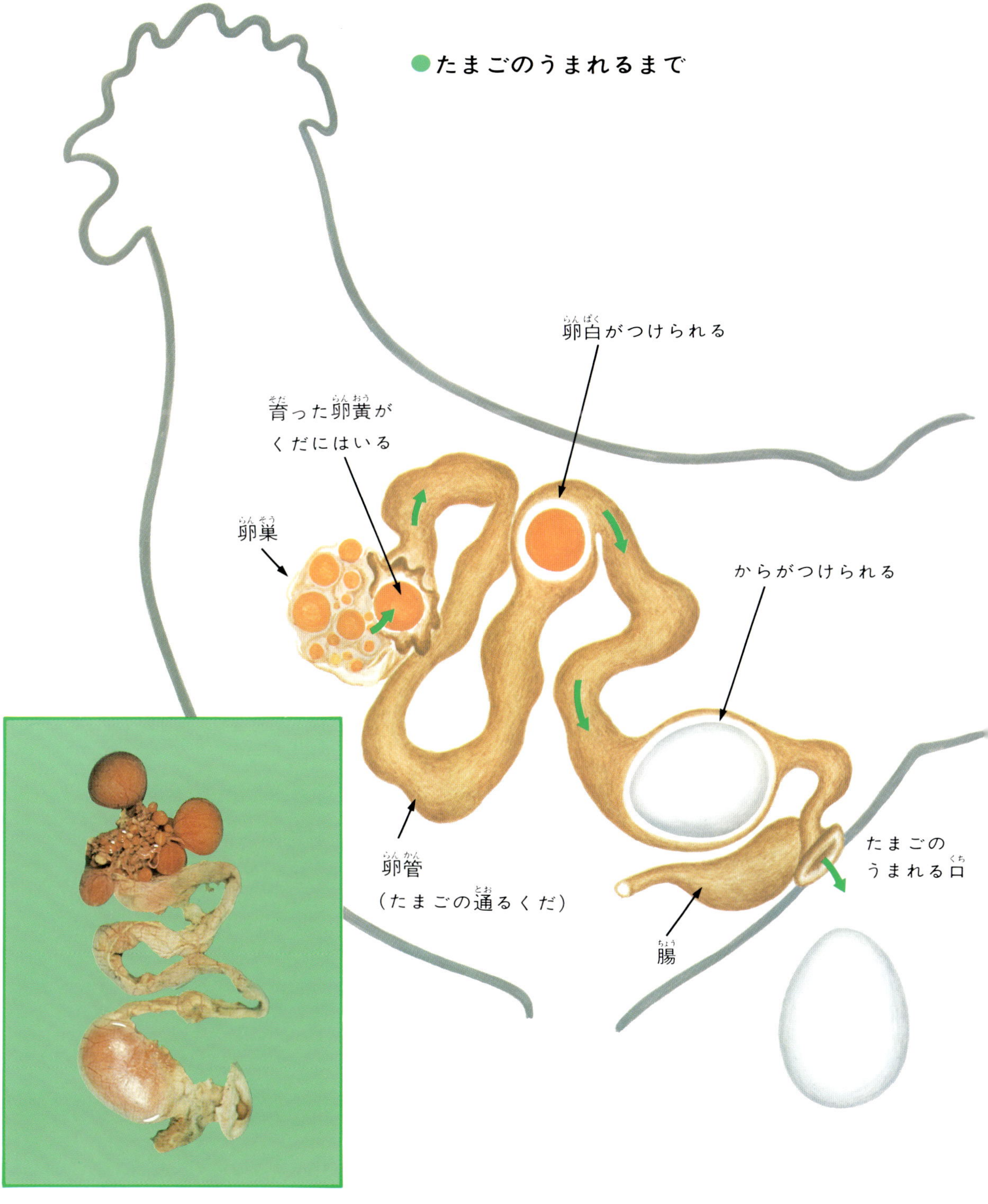

卵白《らんぱく》がつけられる
育《そだ》った卵黄《らんおう》が
くだにはいる
卵巣《らんそう》
からがつけられる
卵管《らんかん》
（たまごの通《とお》るくだ）
たまごの
うまれる口《くち》
腸《ちょう》

➡鳥《とり》は，めすだけでも，たまごをうむことができる。しかし，そのたまごからはひなはかえらない。ひなに育《そだ》つたまごをうむには，おすとめすの交尾《こうび》が必要《ひつよう》だ。ツルは，はんしょく期《き》になると，結婚《けっこん》のやくそくをする舞《ま》いをまってから，つがいになる。

⬇ニワトリ小屋《こや》のそばにたっていると，ときどきこうした交尾《こうび》の場面《ばめん》をみることができる。おすは，くちばしでめすのとさかをくわえながら，からだを安定《あんてい》させ，めすのからだの中《なか》に精子《せいし》をおくりこむ。

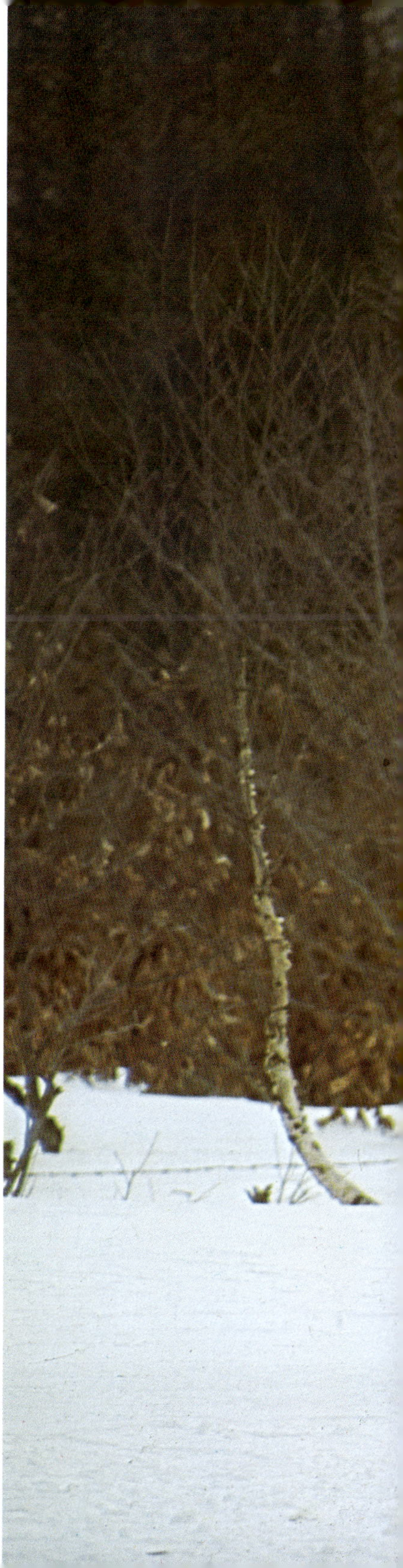

●おん鳥《どり》
おん鳥《どり》のとさかは大《おお》きい
精巣《せいそう》
(精子《せいし》をつくるところ)
精管《せいかん》（精子《せいし》が通《とお》るくだ）
腸《ちょう》
精子《せいし》の出口《でぐち》
おん鳥《どり》にはけづめがある

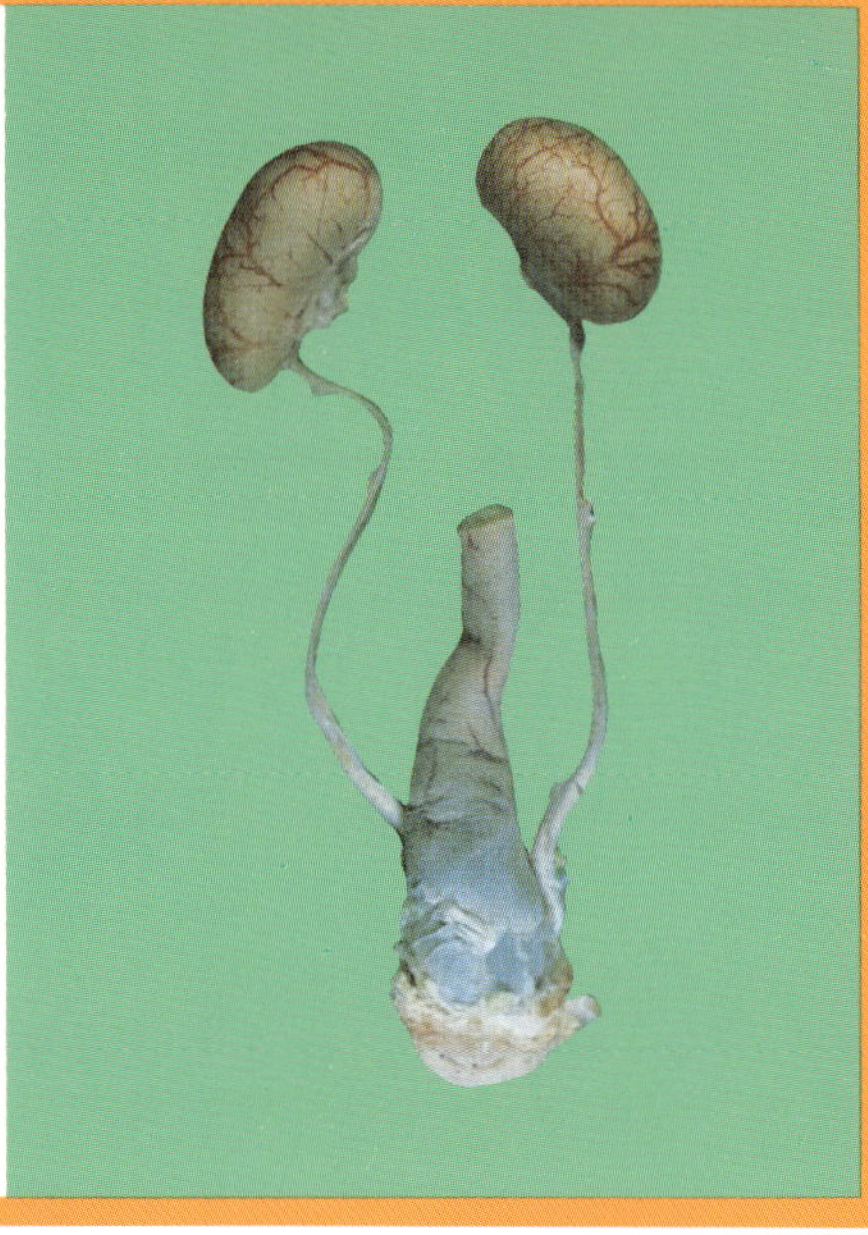

受精《じゅせい》

おすには、精巣《せいそう》といって、精子《せいし》をつくるところがあります。

精巣《せいそう》でつくられた精子《せいし》は、精管《せいかん》の中《なか》を下《した》へおりてきます。

おすとめすが交尾《こうび》すると、精子《せいし》の出口《でぐち》とたまごの出口《でぐち》とがつながります。そして、精子《せいし》は卵管《らんかん》におくりこまれるのです。

卵管《らんかん》にはいった精子《せいし》は、おたまじゃくしのように尾《お》をふって、卵管《らんかん》をのぼります。そして、卵管《らんかん》からでてきたたまごと結《むす》びつくのです。この結《むす》びつきを受精《じゅせい》といいます。

生命《せいめい》のたんじょうは、このしゅんかんからはじまるのです。

●ニワトリの交尾《こうび》と受精《じゅせい》

➡おすのからだの中《なか》には，ふたつの精巣《せいそう》があり，そこで精子《せいし》がつくられる。精子《せいし》は，精管《せいかん》を通《とお》って下《した》のほうにおりていく。

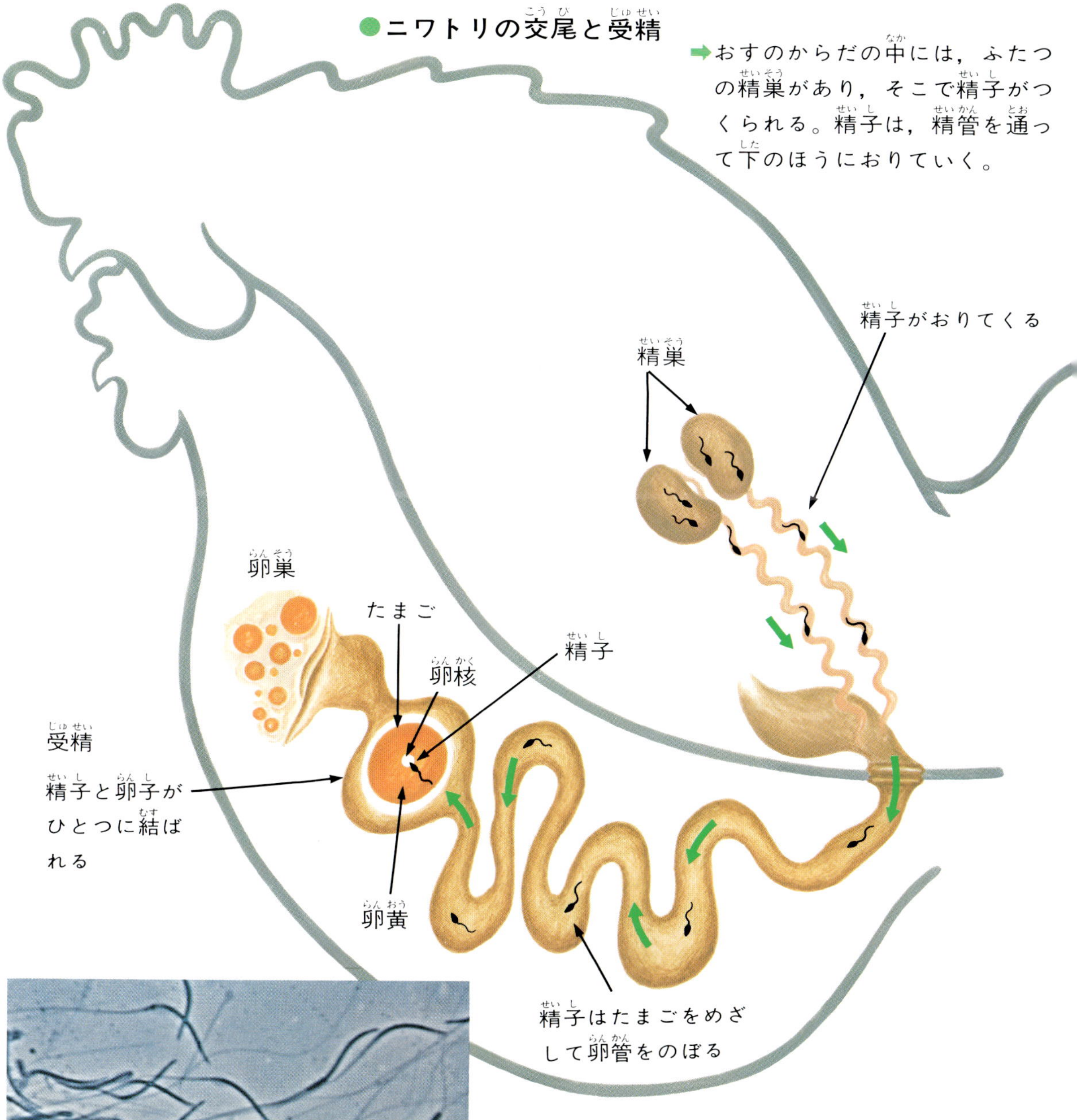

精子《せいし》がおりてくる
精巣《せいそう》
卵巣《らんそう》
たまご
卵核《らんかく》
精子《せいし》
受精《じゅせい》
精子《せいし》と卵子《らんし》がひとつに結《むす》ばれる
卵黄《らんおう》
精子《せいし》はたまごをめざして卵管《らんかん》をのぼる

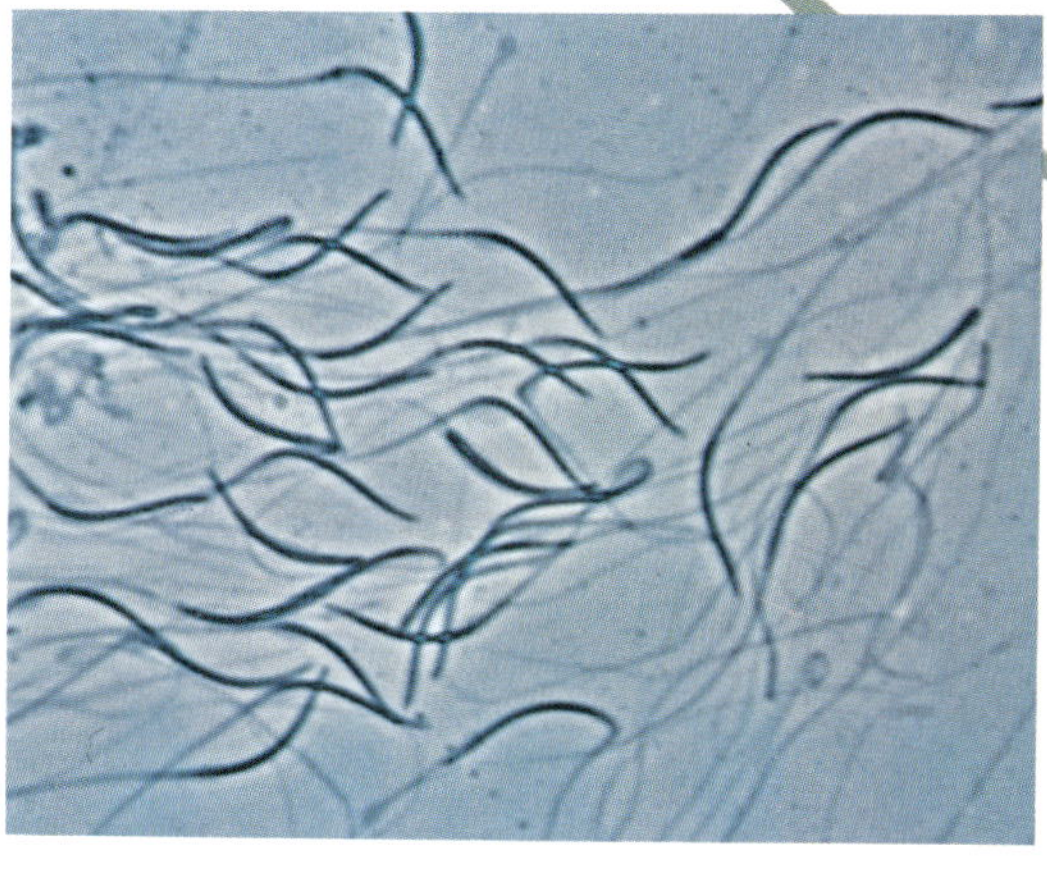

⬅むちのような形《かたち》をした精子《せいし》は，さかんに尾《お》をふって運《うん》動《どう》する。卵管《らんかん》にはいった精《せい》子《し》は，約《やく》15日《にち》ぐらい生《い》きていて，たまごと結《むす》びつく。

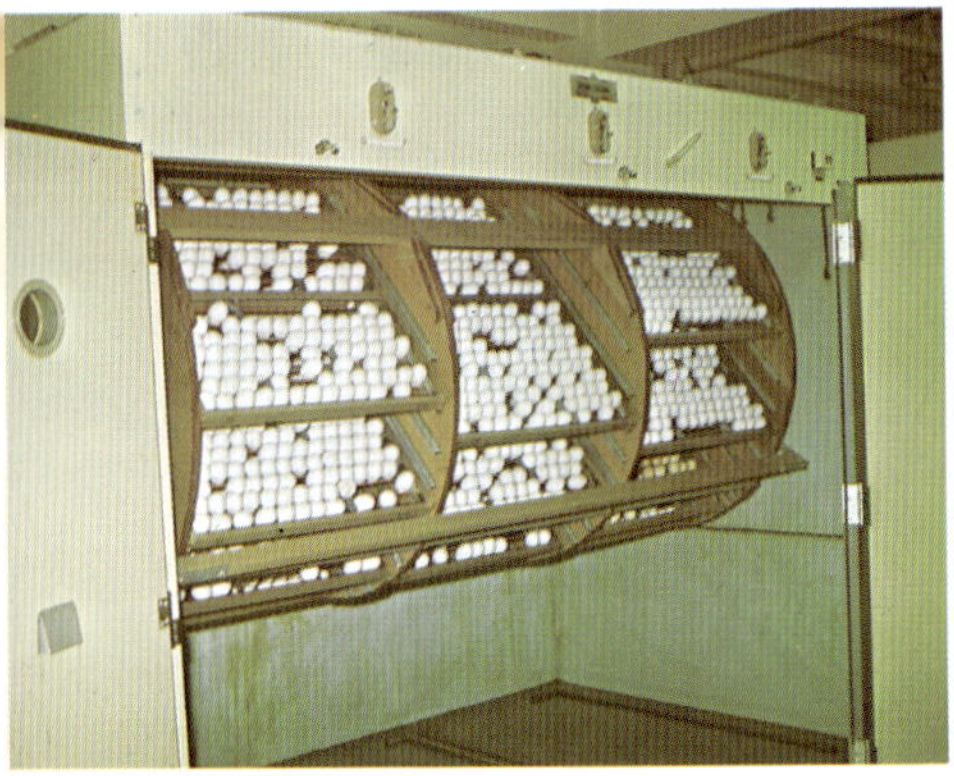

一度《ど》に多《おお》くのたまごをかえすふ化場《かじょう》では，大《おお》きなふ卵器《らんき》をつかい，電気《でんき》の熱《ねつ》であたためる。

たまごをあたためるサギ。サギは，おなかでたまごをだきかかえ，自分《じぶん》の体温《たいおん》でたまごをあたためてかえす。

たまごのあたためかた

ひなをかえすには、たまごをあたためてやらなければなりません。

ふつう、親鳥《おやどり》がたまごをだきかかえ、自分《じぶん》の体温《たいおん》であたためますが、人工的《じんこうてき》には、ふ卵器《らんき》(保温器《ほおんき》)をつかいます。

ふ卵器《らんき》にたまごをいれたら、電熱器《でんねつき》で、約《やく》三十八度《ど》にたもってやります。

たまごがかわくのをふせぐために、ふ卵器《らんき》の中《なか》に、水《みず》のはいったうつわをいれ、中《なか》の空気《くうき》をしめらせてやります。

また、少《すく》なくとも一日《にち》に三～四回《かい》は、たまごをころがして、たまごのなかみをうごかすこともたいせつです。

↓約《やく》40時間《じかん》あたためたたまご（これからあとは，あたためはじめてから何時間目《なんじかんめ》かをしるす）。はじめは小《ちい》さなはいであったものが，白《しろ》い輪《わ》がひろがって，中《なか》ではいが育《そだ》っている。

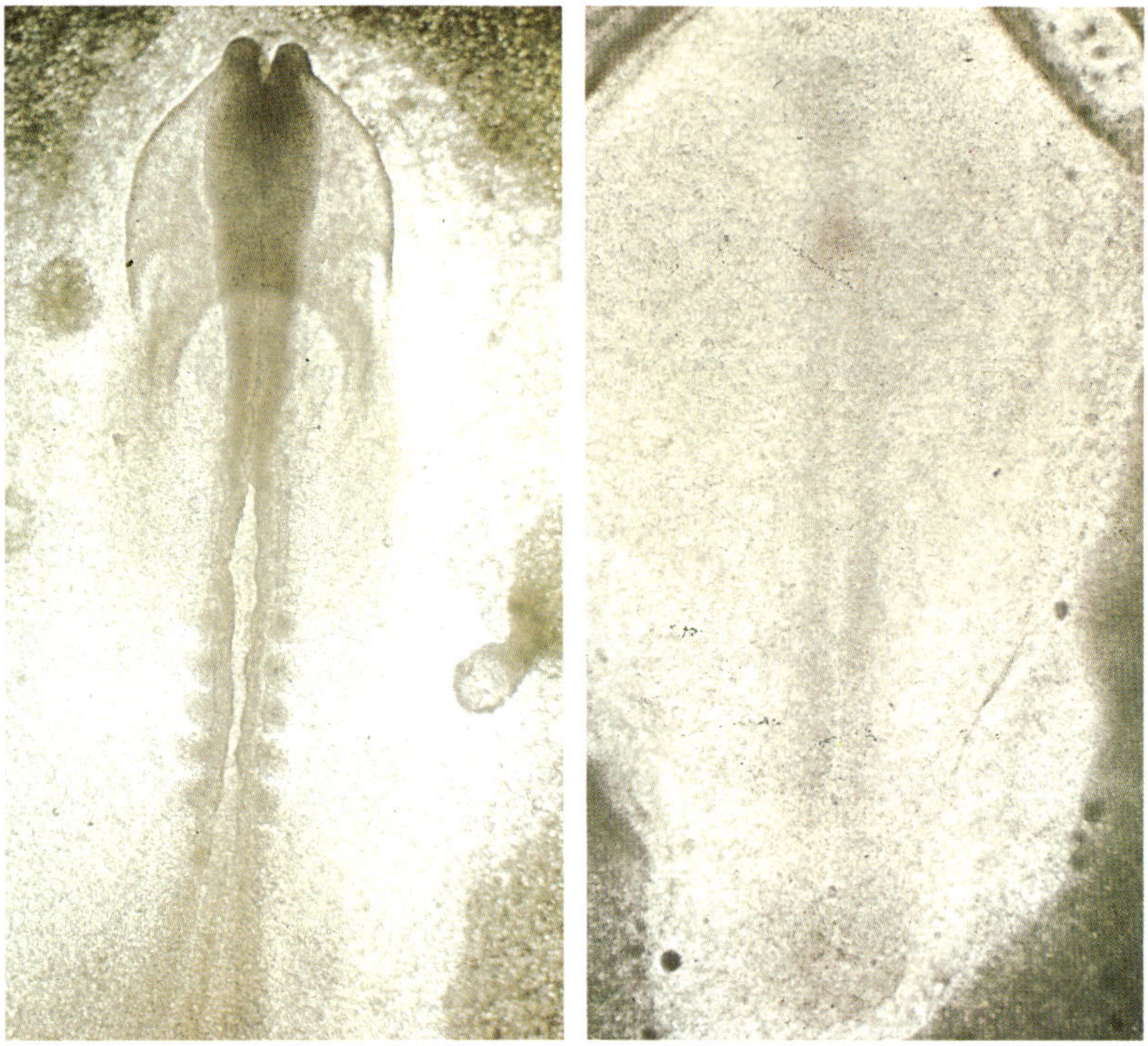

→右《みぎ》、約《やく》十六時間目《じかんめ》で、長《なが》さ二ミリの原条《げんじょう》があらわれている。左《ひだり》、約《やく》二十時間目《じかんめ》で、長《なが》さ三ミリ。神経《しんけい》と体節《たいせつ》ができはじめる。

←約《やく》三十時間目《じかんめ》で、長《なが》さ四ミリ。先《さき》のほうに脳《のう》ができかけている。中《なか》ほどの山《やま》のような形《かたち》をしたものが、へそや血管《けっかん》のもとで、体節《たいせつ》も約《やく》十節《せつ》にふえている。

はいの育《そだ》ちかた

はいが、どのように育《そだ》っていくかをみるには、たまごをわって、はいの部《ぶ》分《ぶん》をとりだして観察《かんさつ》します。

三〜四日目《かめ》ぐらいのはいは小《ちい》さいので、ルーペかけんび鏡《きょう》でのぞきます。

約《やく》十六時間目《じかんめ》のはいには、うっすらと長《なが》さ二ミリぐらいの原条《げんじょう》（器官《きかん》のもとになるもの）がみられるだけです。

約《やく》二十時間目《じかんめ》になると、神経《しんけい》ができはじめ、下《した》のほうには、体節《たいせつ》とよばれる節《ふし》があらわれてきます。

約《やく》三十時間目《じかんめ》には、脳《のう》ができはじめ、体節《たいせつ》も十節《せつ》ぐらいにふえてきます。

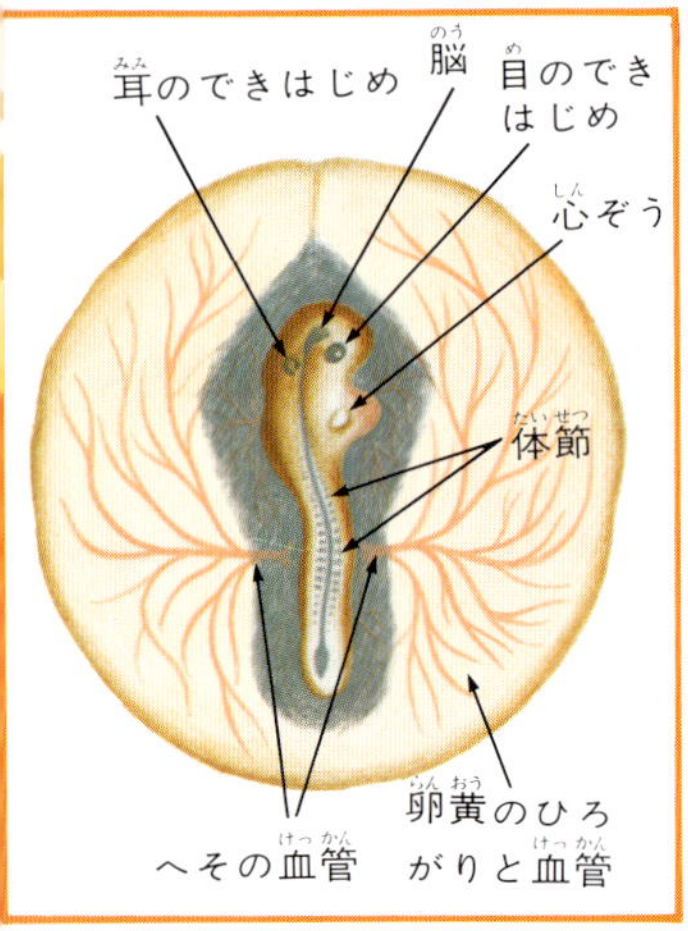
耳《みみ》のできはじめ
脳《のう》
目《め》のできはじめ
心《しん》ぞう
体節《たいせつ》
卵黄《らんおう》のひろがりと血管《けっかん》
へその血管《けっかん》

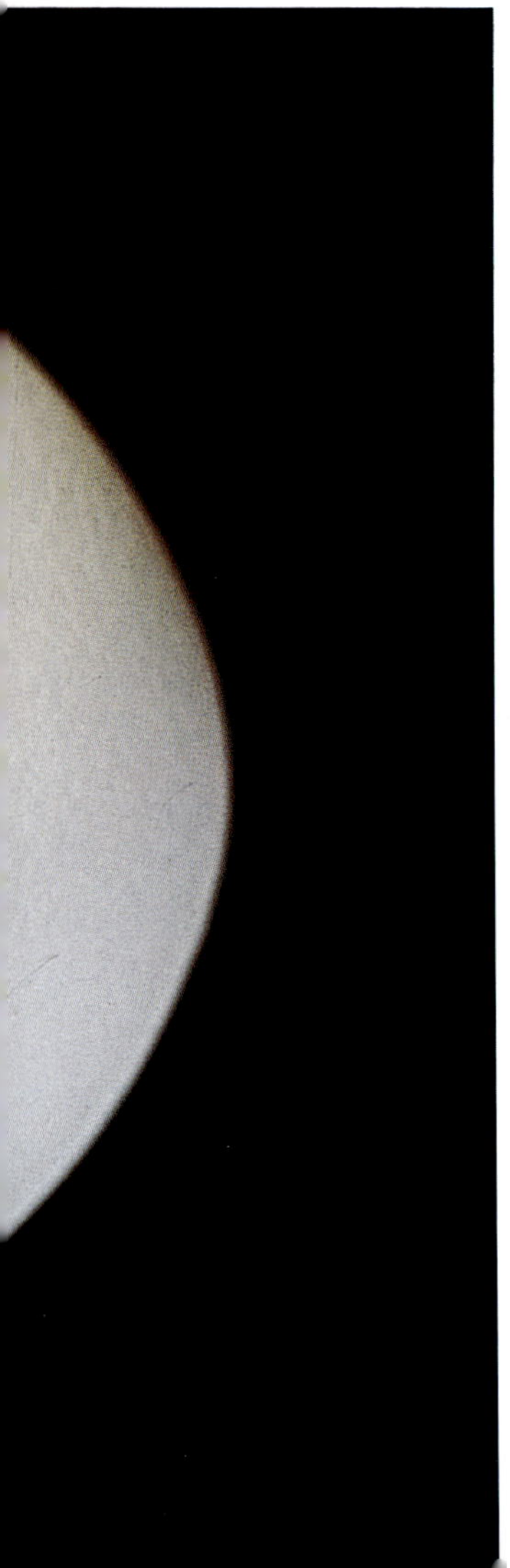

⬇約《やく》2日目《かめ》のたまごの中《なか》。注意深《ちゅういぶか》くたまごのからをはがすと，卵黄《らんおう》の上部《じょうぶ》ではいの育《そだ》っているようすがみられる。血管《けっかん》は，うす赤《あか》にみえる。はいは白《しろ》くてみにくいので，卵黄《らんおう》からはがしとって，けんび鏡《きょう》でみる。

➡約《やく》2日目《かめ》のはいで，長《なが》さ約《やく》5ミリ。脳《のう》は，心《しん》ぞうのあるほうにまがりこむ。心《しん》ぞうはまだ三日月形《みかづきがた》をしているが，すでに規則正《きそくただ》しい運動《うんどう》をしている。目《め》や耳《みみ》のもともできている。卵黄《らんおう》には，あみのような血管《けっかん》がひろがっている。

➡約《やく》六十時間《じかん》目《め》のたまごの中《なか》。ピンセットでからをはがしていくと、美《うつく》しくひろがった血管《けっかん》と、はげしくこ動《どう》をつづける心《しん》ぞうがみられる。

⬅約《やく》六十時間《じかん》目《め》のはい。血管《けっかん》と心《しん》ぞうだけが、赤《あか》くめだつ。心《しん》ぞうは四つの部屋《へや》にわかれ、血液《けつえき》がでたりはいったりするようすがよくわかる。

約《やく》六十時《じ》間《かん》（二日《か》と半日《はんにち》）ぐらいたったたまごをとりだし、そっとからをはがしてみましょう。

いままでにみられなかった光景《こうけい》が、わたしたちの目《め》と心《こころ》をとらえます。

赤《あか》くそまった血管《けっかん》が、えだわかれして、卵《らん》黄《おう》の表面《ひょうめん》にひろがり、その中心《ちゅうしん》にはげしくうごく生命体《せいめいたい》がみられます。

心《しん》ぞうのこ動《どう》です。赤《あか》い血《ち》が、でたりはいったりするたびに、心《しん》ぞうばかりでなく、はいまでがうごくようにみえます。

やはりたまごは生《い》きていたのだ、たまごの生命《せいめい》が活動《かつどう》をはじめたのだ！と、あらためて、そんなきもちにさせてくれるのです。

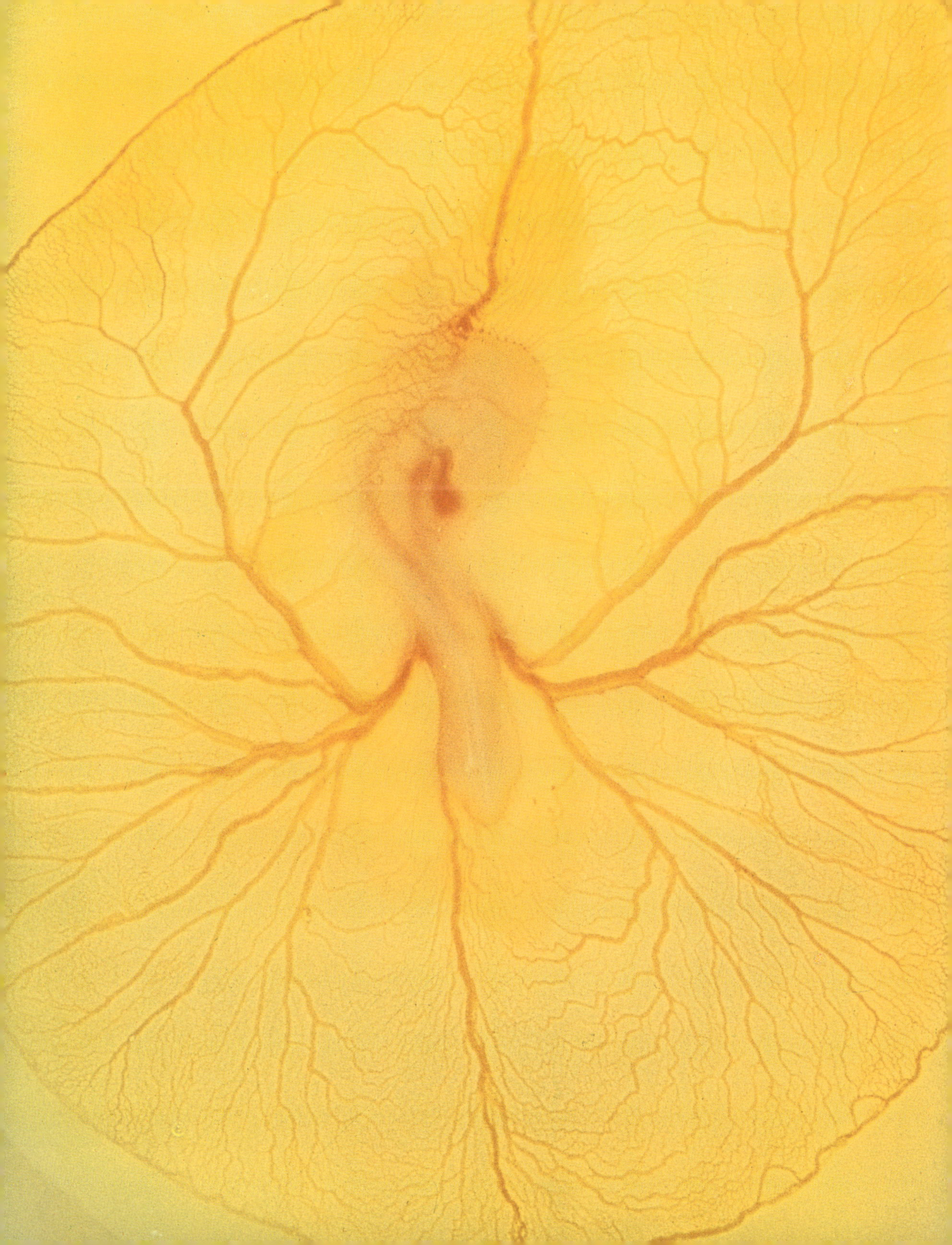

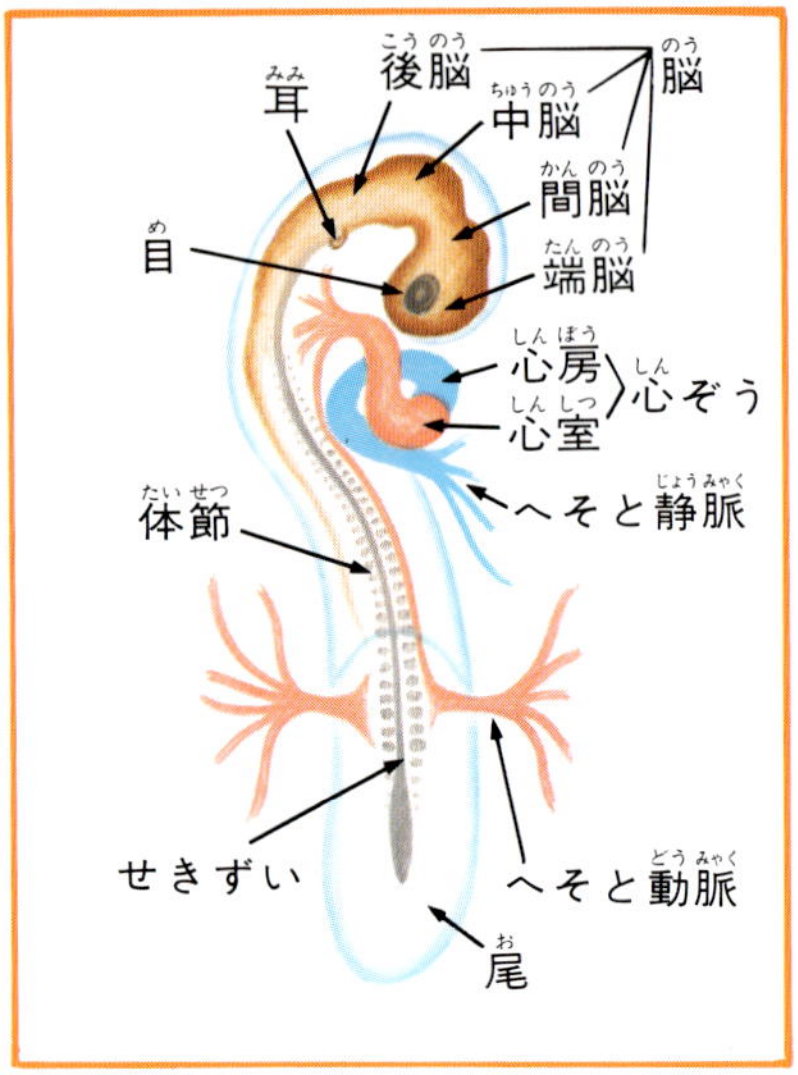

←3日目《かめ》のはいをとりだして，けんび鏡《きょう》でみたもの。

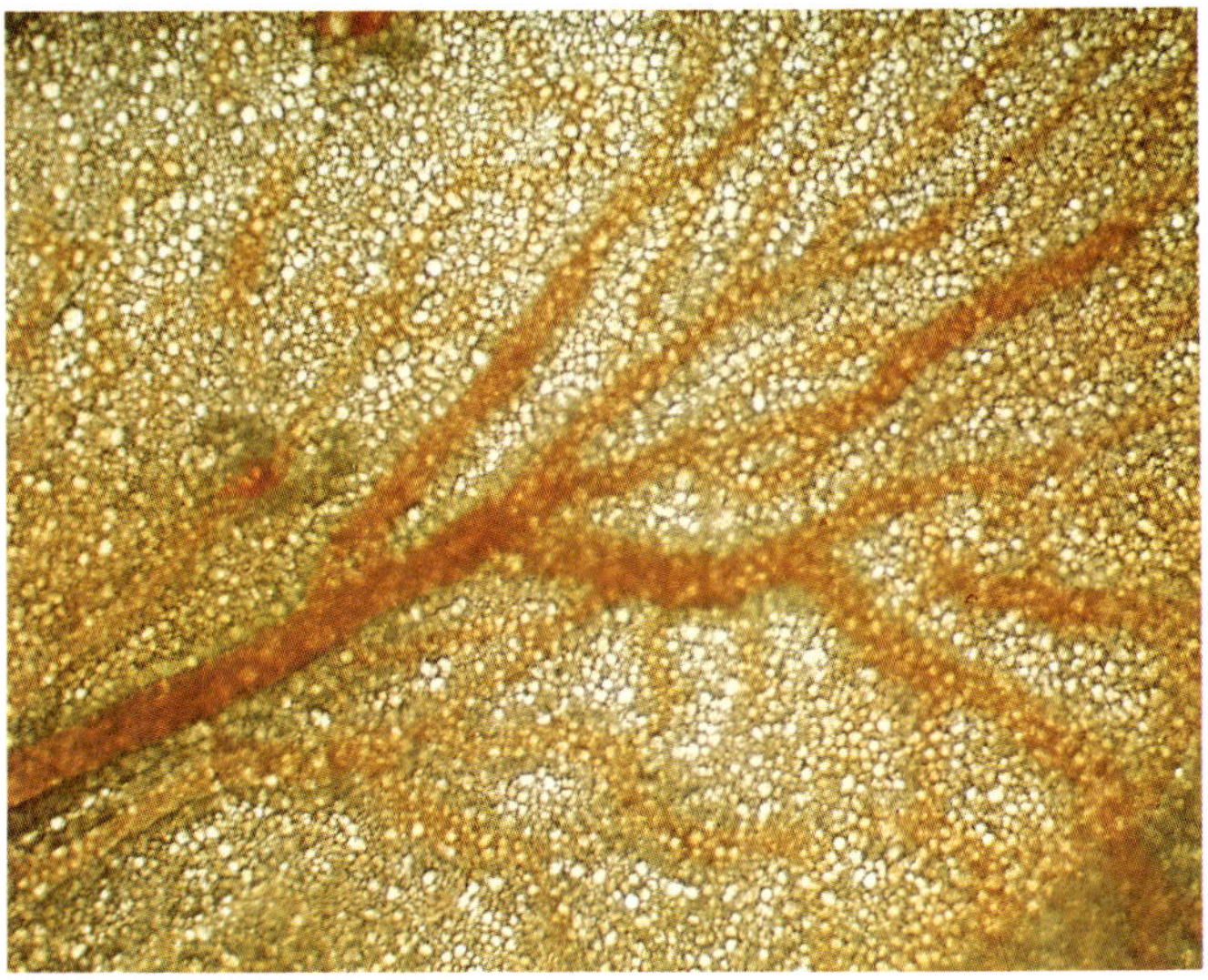

↑卵黄《らんおう》の表面《ひょうめん》にひろがる血管《けっかん》。はいに，養《よう》分《ぶん》をはこびこんでいる。

三日目《かめ》になると、はいは約《やく》七ミリに育《そだ》ちます。

つくりをくわしくしらべるために、はいをとりだして、けんび鏡《きょう》で観察《かんさつ》しました。

神経《しんけい》からはじまった脳《のう》は、いくつもの部《ぶ》分《ぶん》にわかれ、完成《かんせい》にちかづいてきました。

目《め》も耳《みみ》も、はっきりしてきました。

はじめは三日月形《みかづきがた》だった心《しん》ぞうも、くびれができ、心房《しんぼう》と心室《しんしつ》にわかれてきました。

心《しん》ぞうの活動《かつどう》とともに、血管《けっかん》も太《ふと》く長《なが》くのびて、卵黄《らんおう》や卵白《らんぱく》の養分《ようぶん》をどんどんはこんでいるようすがよくわかります。

しかし、まだよくしっているニワトリのすがたにはみえませんね。

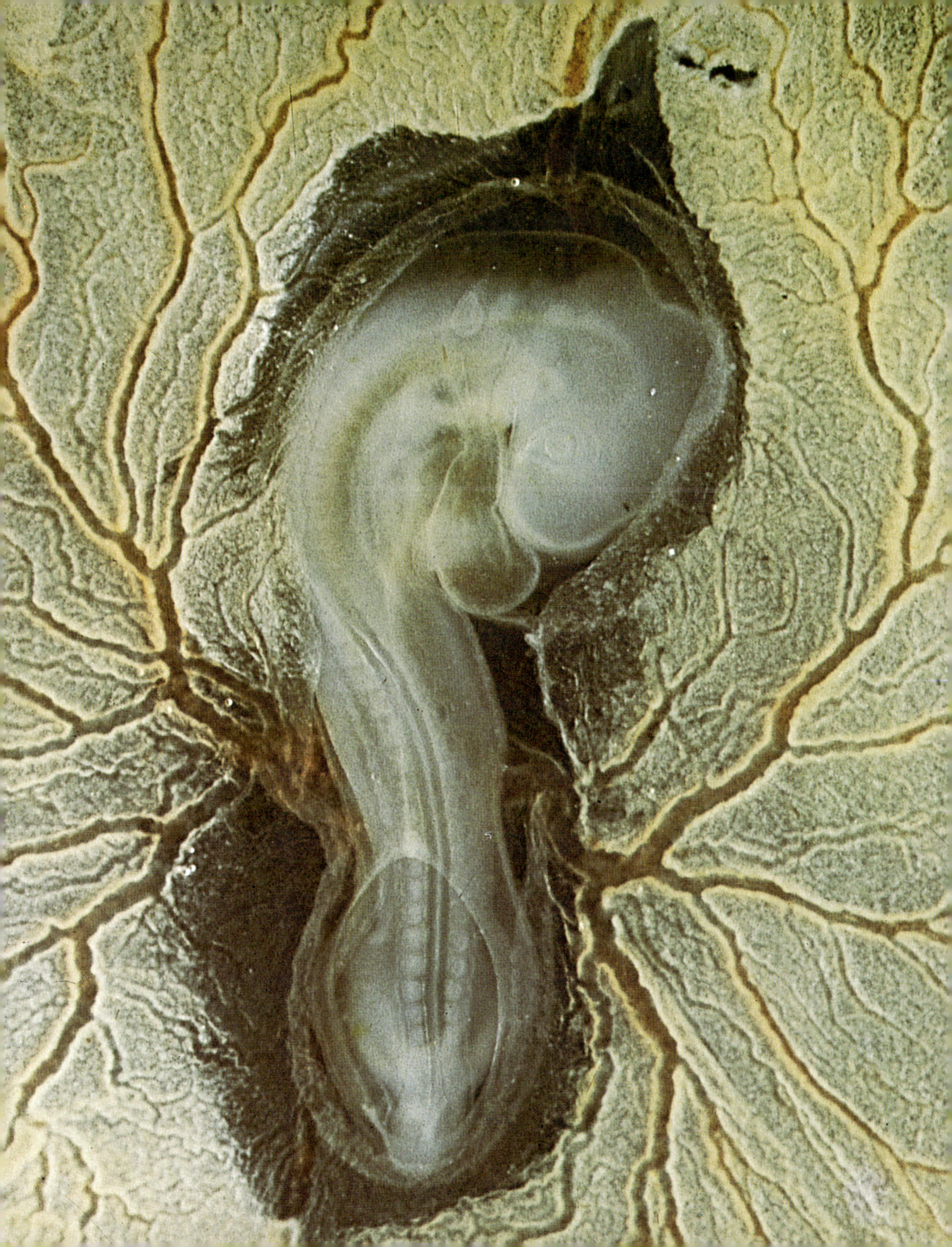

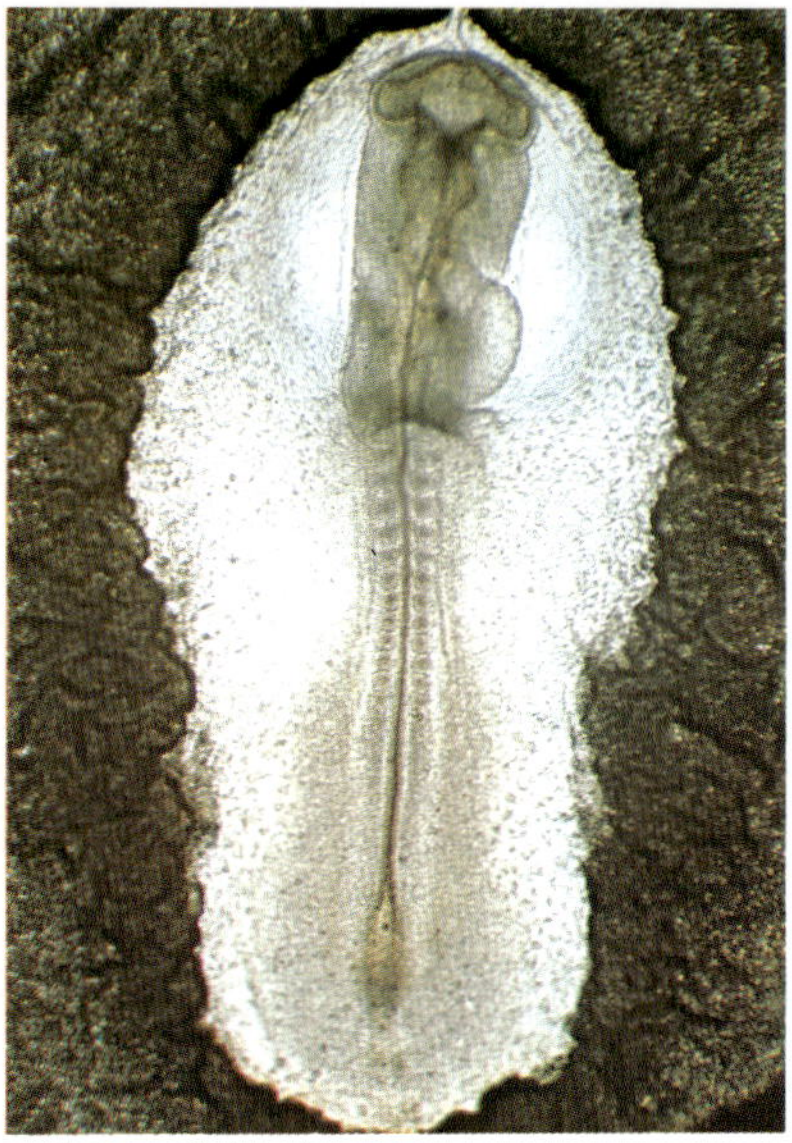

約《やく》35時間目《じかんめ》。心《しん》ぞうのできる部分《ぶぶん》が，ふくれあがり，ときどきうごくことがある。

約《やく》50時間目《じかんめ》。心《しん》ぞうは，三日《みか》月形《づきがた》のくだになり，規則的《きそくてき》な運動《うんどう》をはじめる。

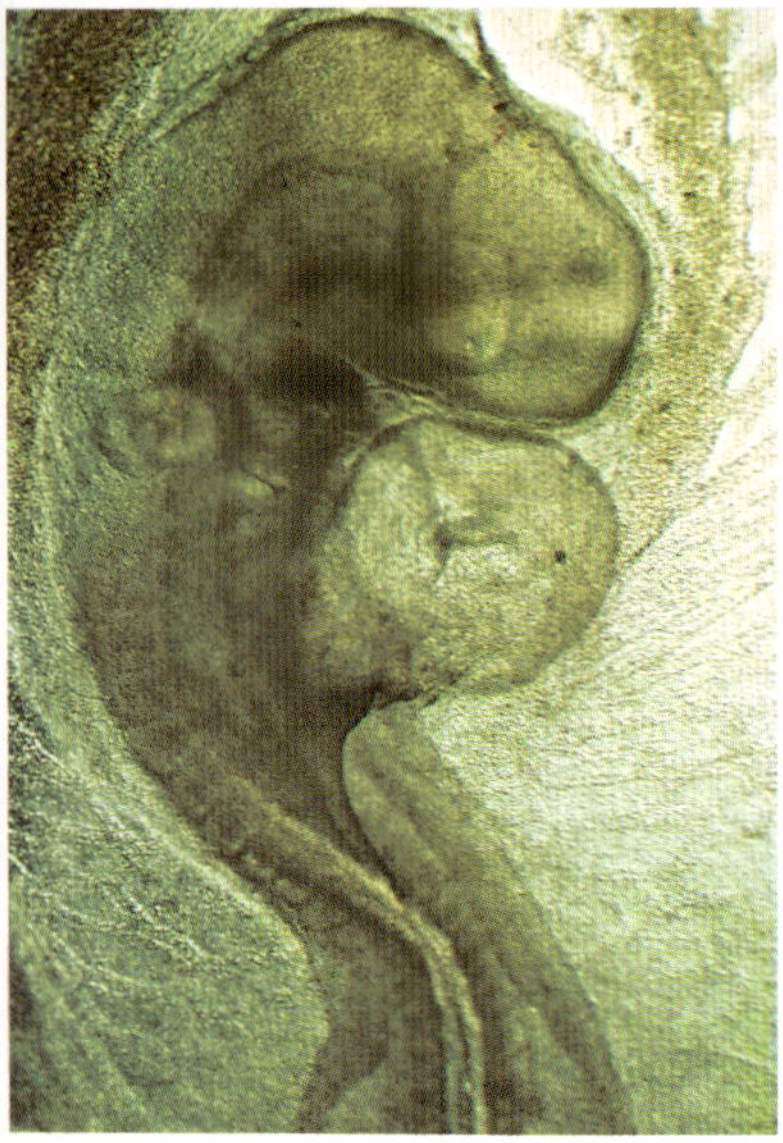

約《やく》70時間目《じかんめ》。心《しん》ぞうはよじれて，中《なか》にしきりができる。部屋《へや》ごとの運動《うんどう》がみられる。

心《しん》ぞうのできかた

はいが育《そだ》っていくうちで、もっとも早《はや》く運動《うんどう》をはじめる器官《きかん》が心《しん》ぞうです。

三十五時間目《じかんめ》ぐらいのはいをみると、はいの右側《みぎがわ》にまるいこぶができます。これが、心《しん》ぞうのはじまりです。よくみていると、ときどきうごくのがみられます。

それが五十時間目《じかんめ》ぐらいになると、三日月形《みかづきがた》のくだとなり、さらに七十時間目《じかんめ》で、いくつかの場所《ばしょ》でくびれ、ほかの場所《ばしょ》ではひろがります。

さいごに、心《しん》ぞうは、二つの心房《しんぼう》と二つの心室《しんしつ》にわかれるのです。

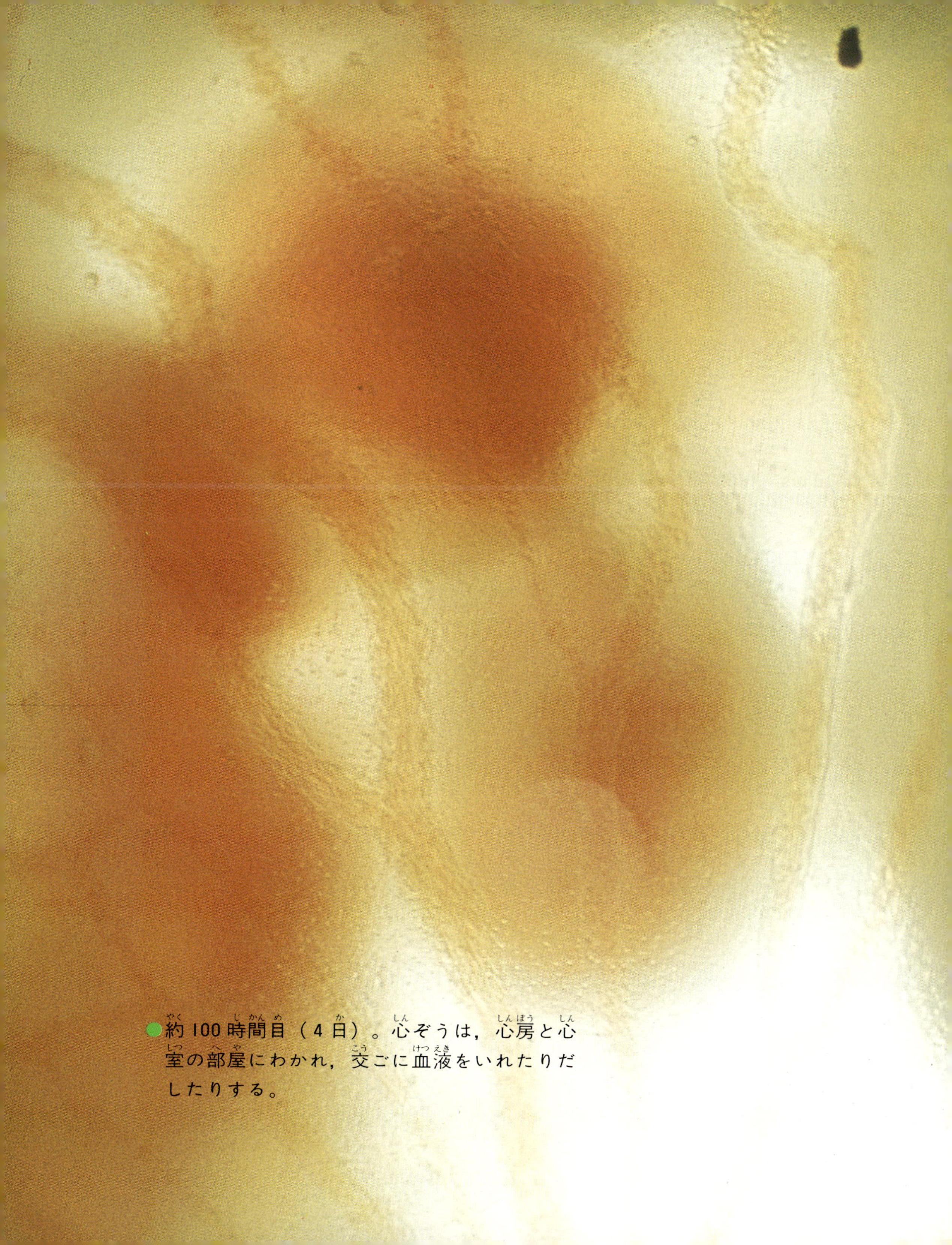

●約《やく》100時間目《じかんめ》（4日《か》）。心《しん》ぞうは，心房《しんぼう》と心《しん》室《しつ》の部屋《へや》にわかれ，交《こう》ごに血液《けつえき》をいれたりだしたりする。

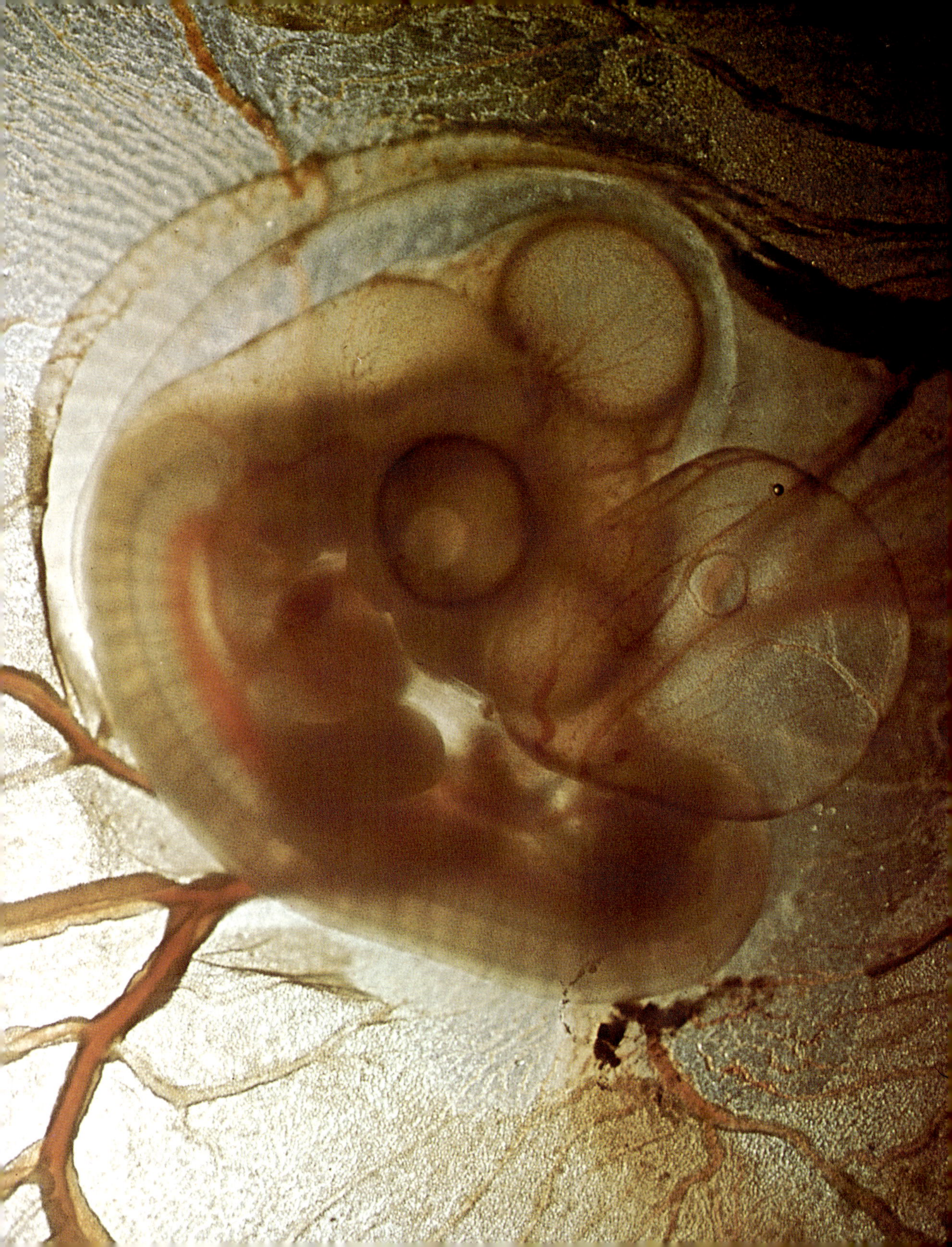

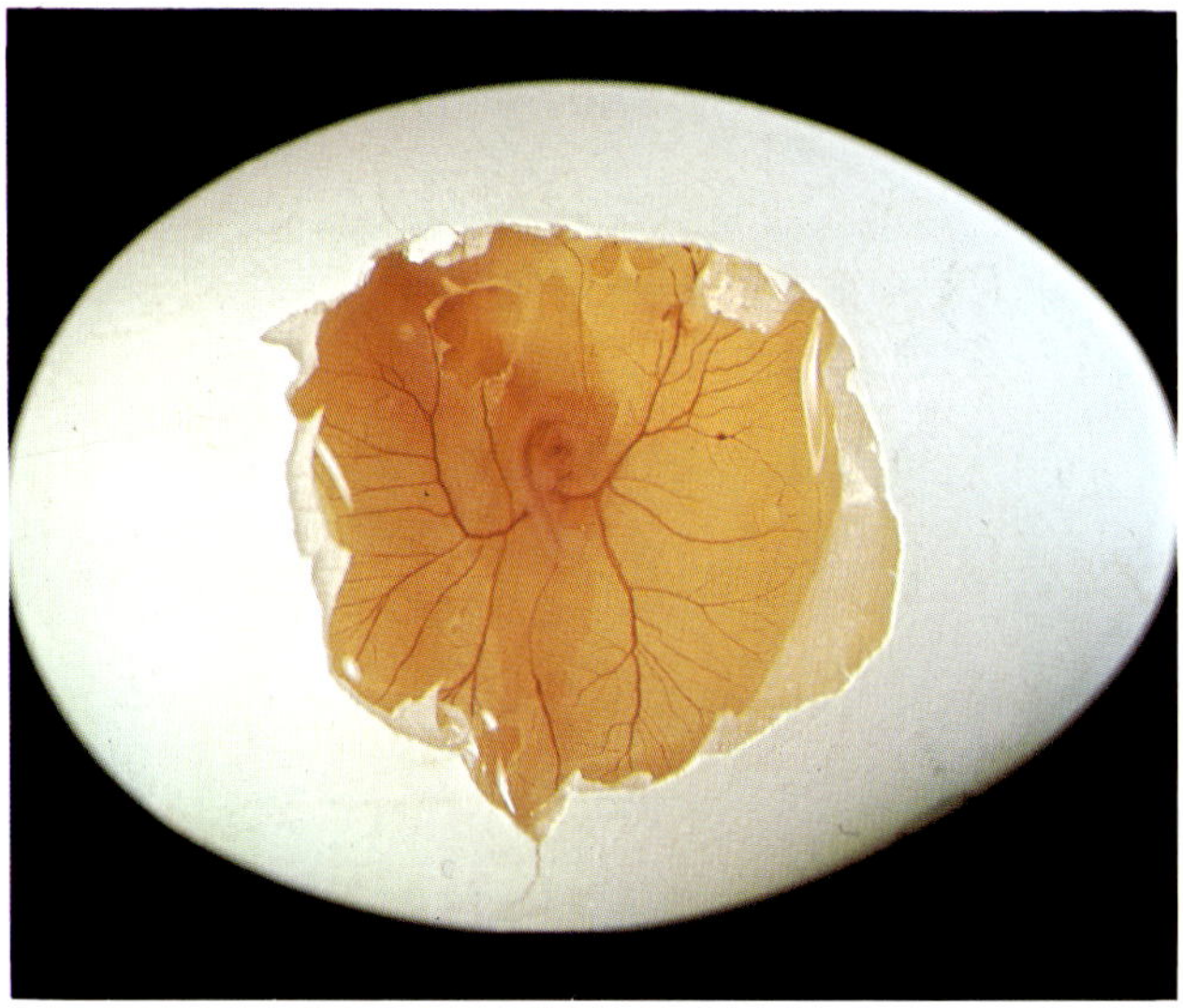

4日目《かめ》のたまご。はいの形《かたち》が，たまごの中《なか》でもはっきりみえるようになる。

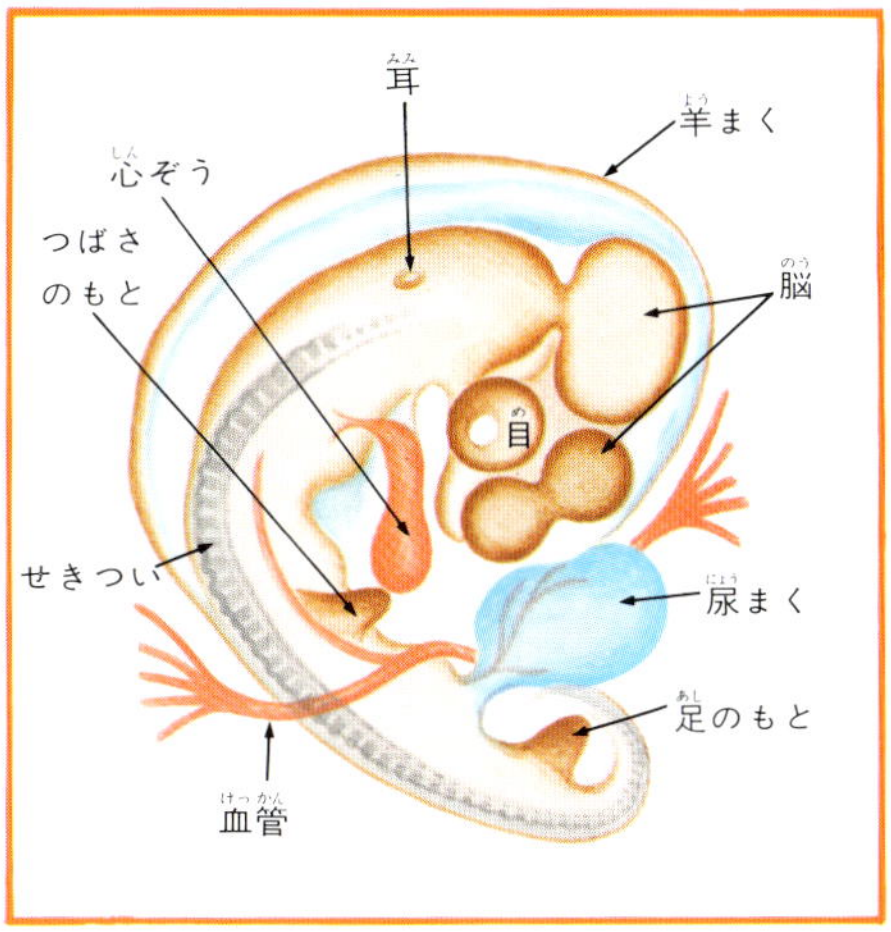

4日目《かめ》のはい。羊《よう》まくとあわせて，尿《にょう》まくのできるのがとくちょう。からだはまがり，いままでなかったつばさや足《あし》があらわれる。

四日目《かめ》のはい

はいは、日《ひ》一日《にち》と成長《せいちょう》し、四日目《かめ》ぐらいになると、長《なが》さが八ミリから九ミリほどに育《そだ》ちます。

このころになると、はいはだんだん不《ふ》とう明《めい》になりますから、下《した》から強《つよ》い光《ひかり》をあてないと、そのつくりはみえなくなります。

からだは、ますますまがり、心《しん》ぞうは、はいの中《なか》にとりかこまれていきます。

つばさや足《あし》がでてきました。でも、まだこぶのような形《かたち》をしています。

大《おお》きなとくちょうは、はいをつつむ羊《よう》まくや、呼吸《こきゅう》に関係《かんけい》のある尿《にょう》まくができたことです。そして、目《め》も黒《くろ》くなってきました。

水草《みずくさ》にうみつけられたメダカのたまご。細《ほそ》い糸《いと》で草《くさ》にからみついている。

たまごの中《なか》で育《そだ》った子《こ》メダカ。黒《くろ》い目《め》や頭《あたま》，尾《お》ができ，中《なか》でうごいている。

魚《さかな》ににている

いままでみてきたニワトリのはいは、どうみても鳥《とり》の子《こ》どものようにはみえませんね。それでは、何《なに》にみえますか。

ここで、メダカのたまごのかえるようすをみてみましょう。

メダカもニワトリと同《おな》じように、たまごの中《なか》で目《め》や頭《あたま》や心《しん》ぞうや尾《お》ができます。そして、十五日目《にちめ》にかえります。子《こ》メダカの形《かたち》と、三日目《かめ》くらいまでのニワトリのはいと、どこかにていませんか。

魚《さかな》より高等《こうとう》なニワトリも、育《そだ》ちはじめは、魚《さかな》と同《おな》じような形《かたち》の時期《じき》を一度《ど》は通《とお》ることがわかっています。

子《こ》メダカのたんじょう。15日目《にちめ》にうまれた子《こ》メダカのおなかには，養分《ようぶん》のはいったふくろがついている。子《こ》メダカの形《かたち》と，ニワトリの3日目《かめ》ぐらいまでのはいとどこかにている。

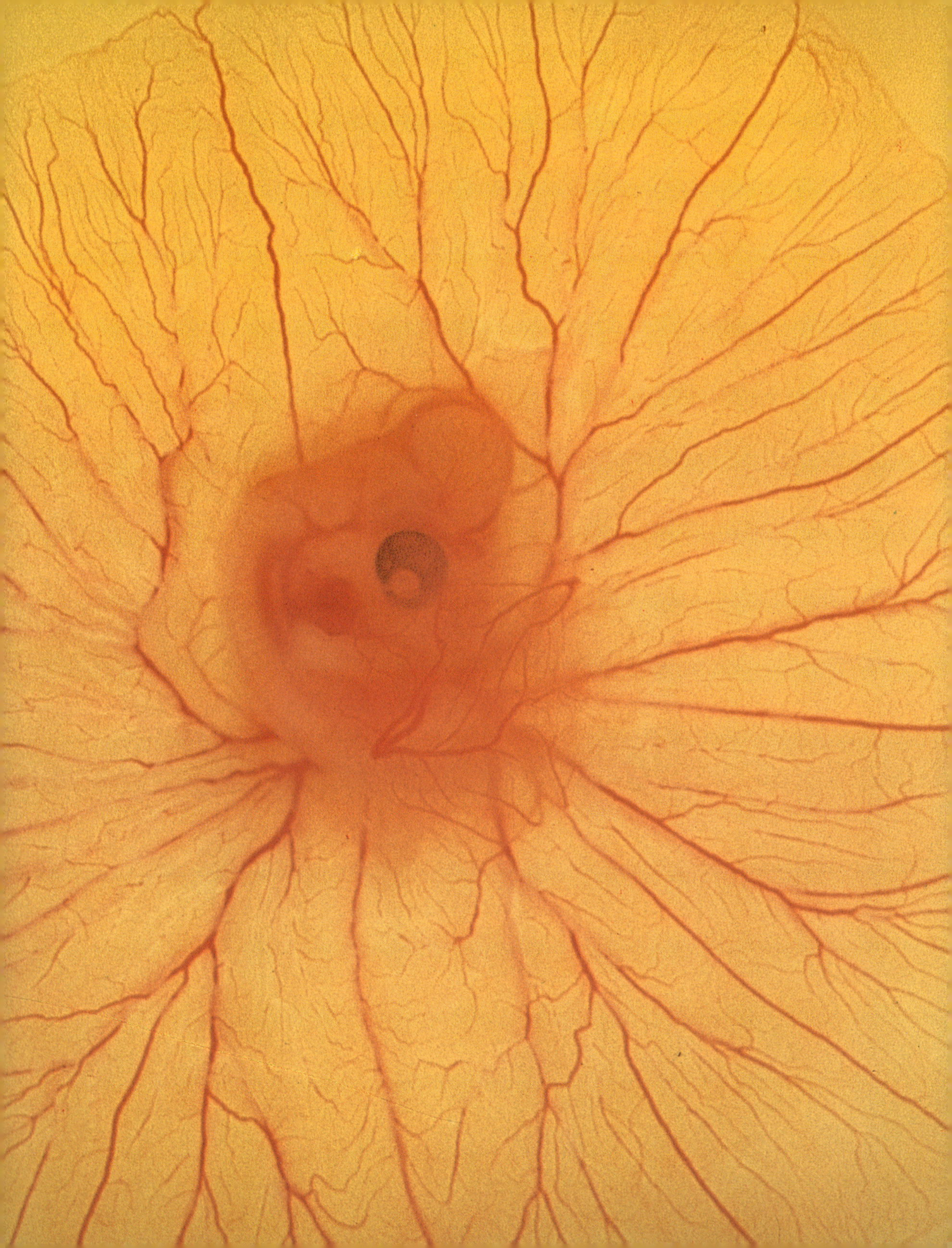

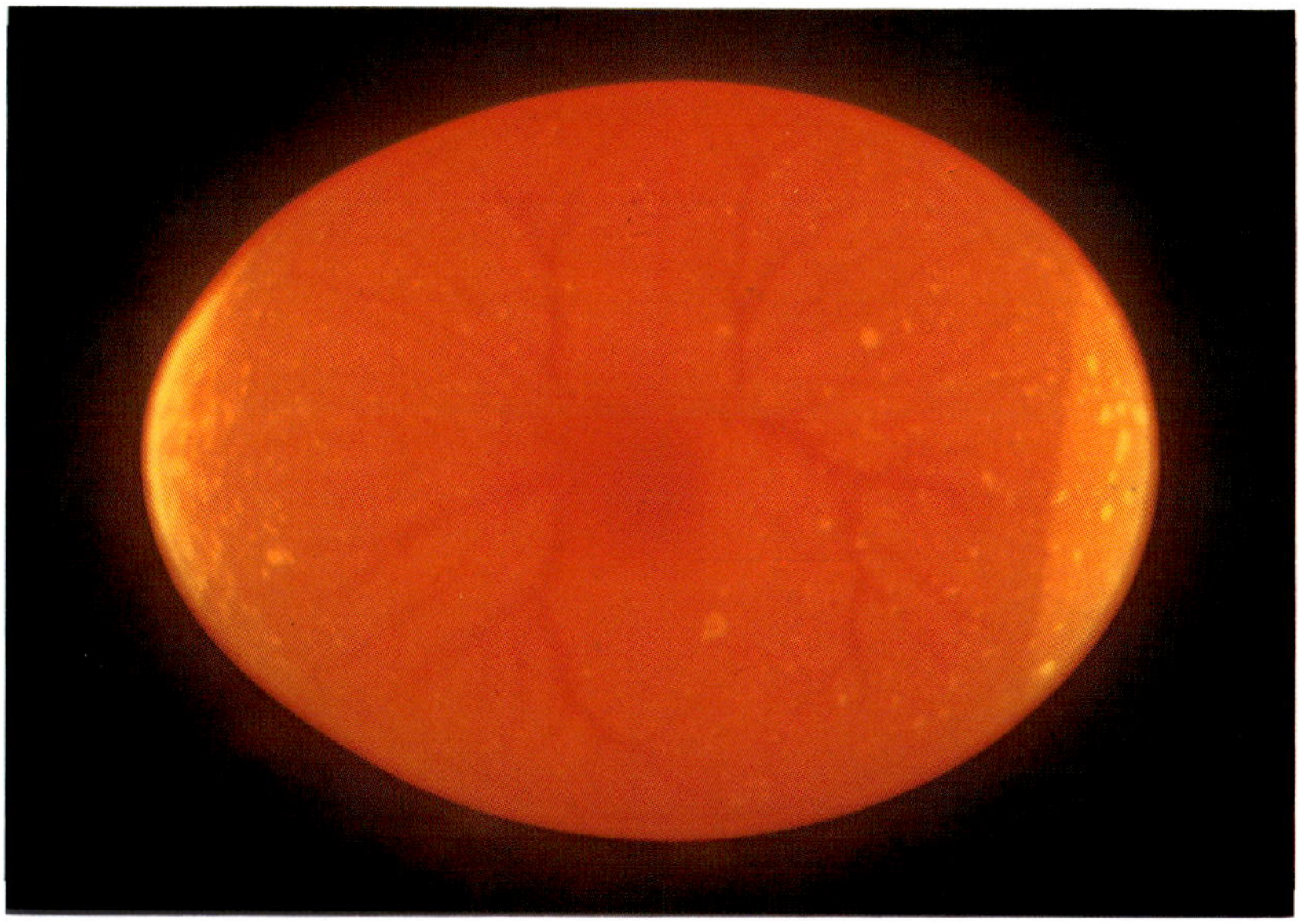

➡五日目《かめ》のはい。体長《たいちょう》十ミリ。目《め》は黒《くろ》く色《いろ》づき、心《しん》ぞうのこ動《どう》も大《おお》きく力強《ちからづよ》い。はいの胎動《たいどう》がみられる。

⬅六日目《かめ》のたまごを電灯《でんとう》の光《ひかり》で、すかしてみたもの。血管《けっかん》のひろがり、はいの位置《いち》、気室《きしつ》がみえる。

血管《けっかん》のひろがり

はいが、五日目《かめ》、六日目《かめ》になると、からだは十ミリ以上《いじょう》に成長《せいちょう》します。

心《しん》ぞうのこ動《どう》も大《おお》きくなります。またはいは、たまごの中《なか》で規則的《きそくてき》に運動《うんどう》するようになります。これをはいの胎動《たいどう》といいます。

このころになると、たくさんの養分《ようぶん》を必要《ひつよう》とします。

そのために、卵黄《らんおう》にはきゅうにこまかい血管《けっかん》がはりめぐらされ、はばひろくのびていきます。そして、卵黄《らんおう》や卵白《らんぱく》の養分《ようぶん》を、はいにおくりこむのです。

六日目《かめ》ぐらいのたまごを電灯《でんとう》ですかしてみると、血管《けっかん》のためにたまごは赤《あか》くみえます。

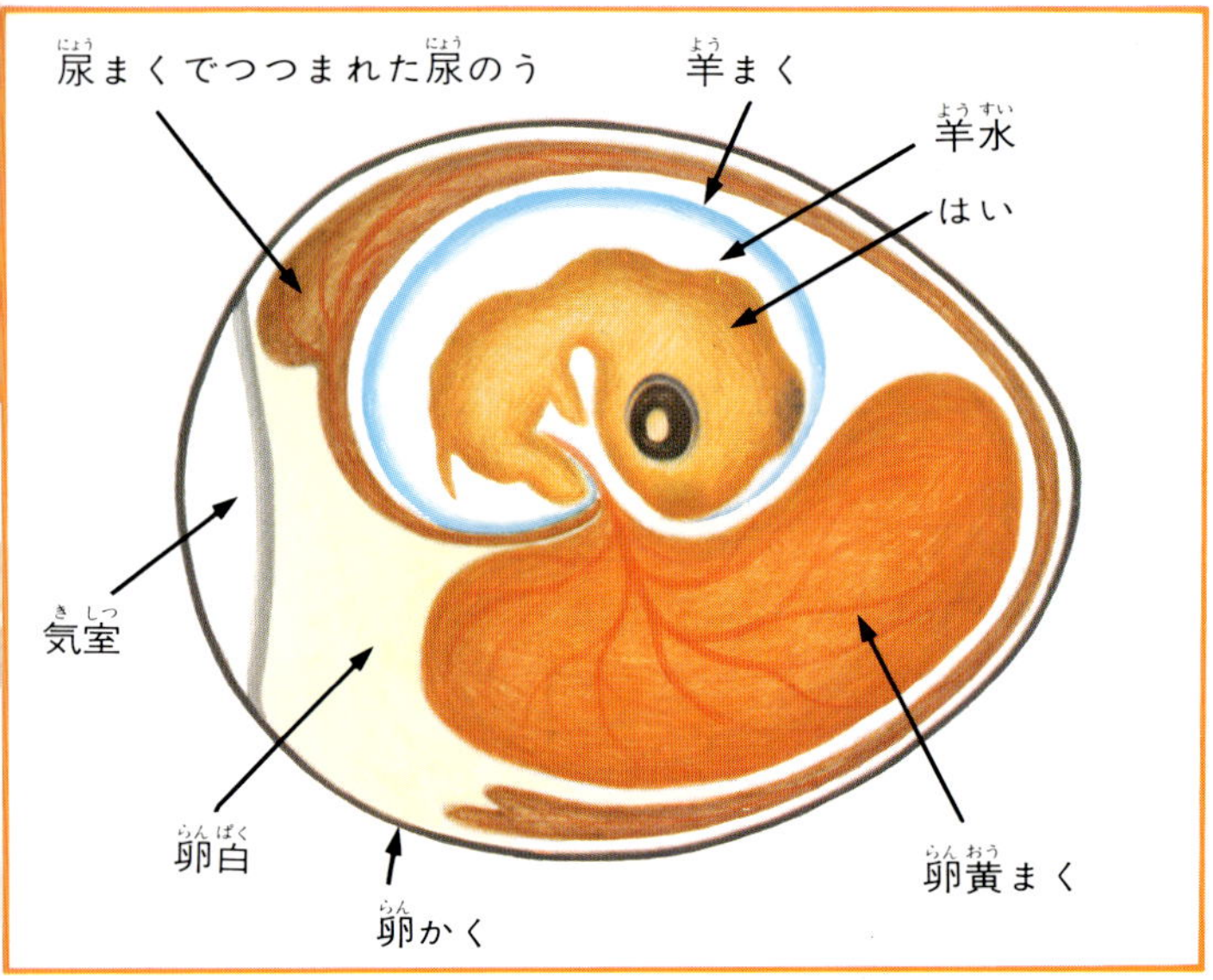
尿《にょう》まくでつつまれた尿《にょう》のう
羊《よう》まく
羊水《ようすい》
はい
気室《きしつ》
卵白《らんぱく》
卵《らん》かく
卵黄《らんおう》まく
←8日目《かめ》のはいと羊《よう》まく。カプセルの中《なか》には，羊《よう》水《すい》がはいっていて，はいをうかべる。

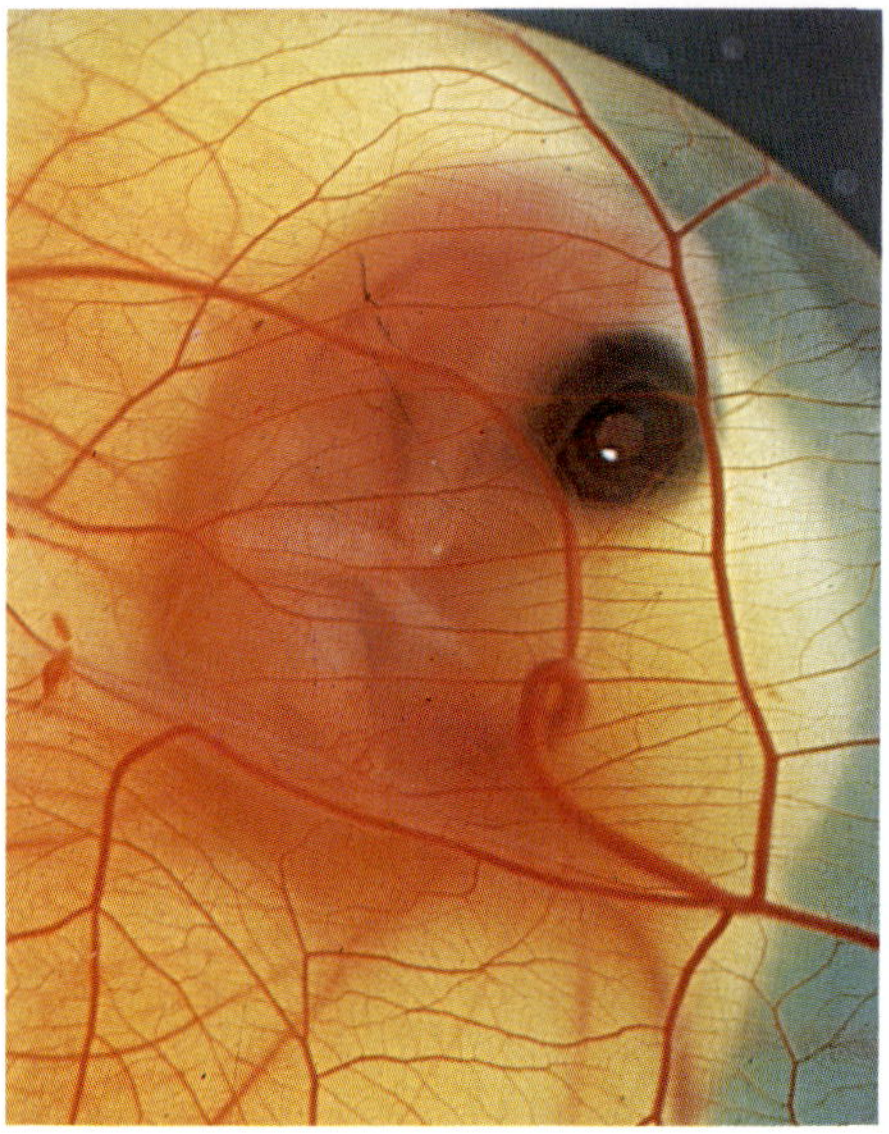
↑11日目《にちめ》のはいと尿《にょう》まく。血管《けっかん》は，酸素《さんそ》をはこぶ。

はいのまく

はいが大《おお》きくなると、いろいろなまくができます。

カプセルのような、すきとおったまくは羊《よう》まくです。中《なか》に羊水《ようすい》がはいっていて、はいをうかべています。このころのはいは、魚《さかな》でもないのに水中生活《すいちゅうせいかつ》をします。羊水《ようすい》のおかげで、もしたまごに強《つよ》いしょうげきがくわわっても、またきゅうげきな温度《おんど》の変化《へんか》があっても、それをやわらげることができます。

尿《にょう》のうをつくる尿《にょう》まくには、たくさんの血管《けっかん》があり、からを通《とお》してはいってくる酸素《さんそ》を、はいにはこびます。

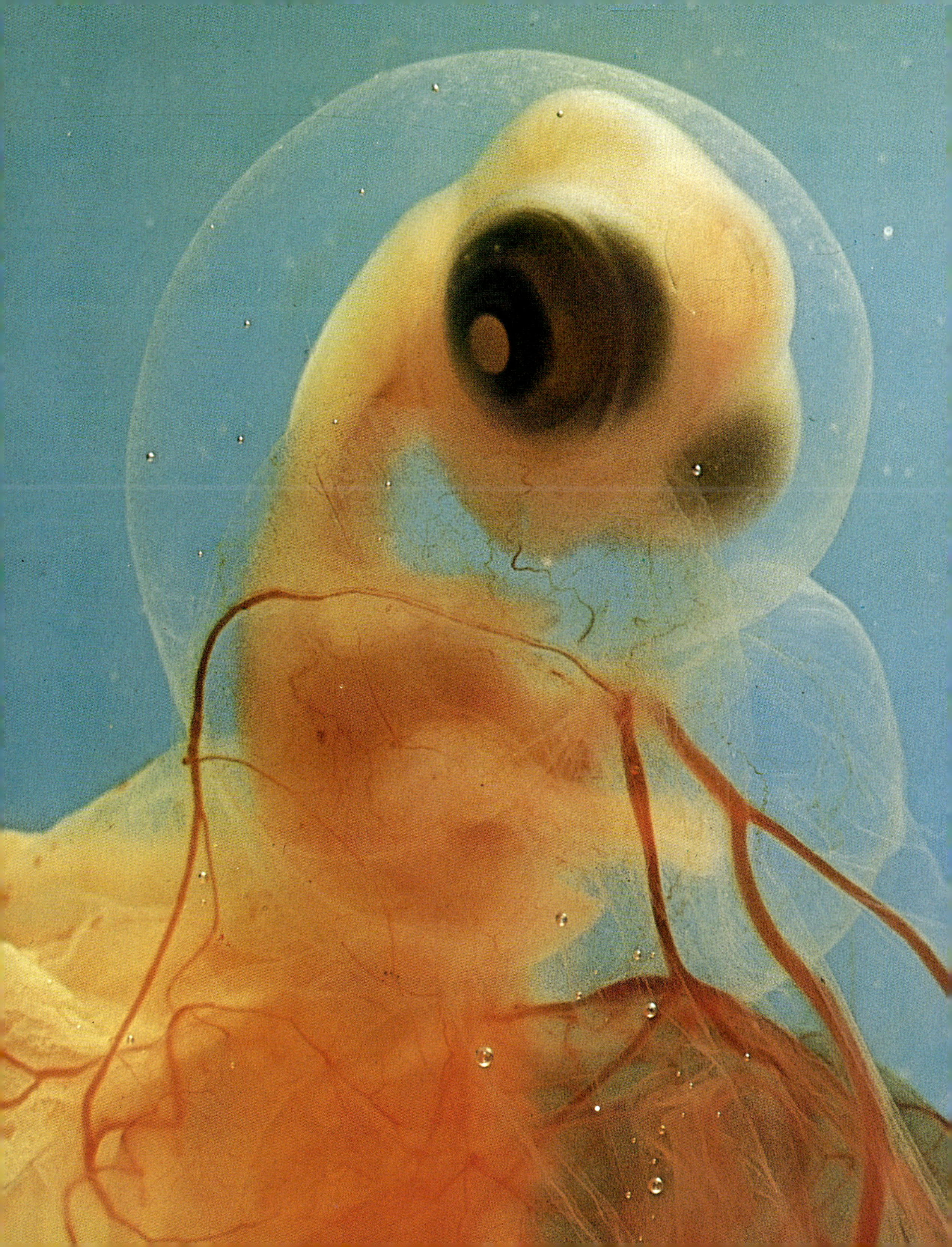

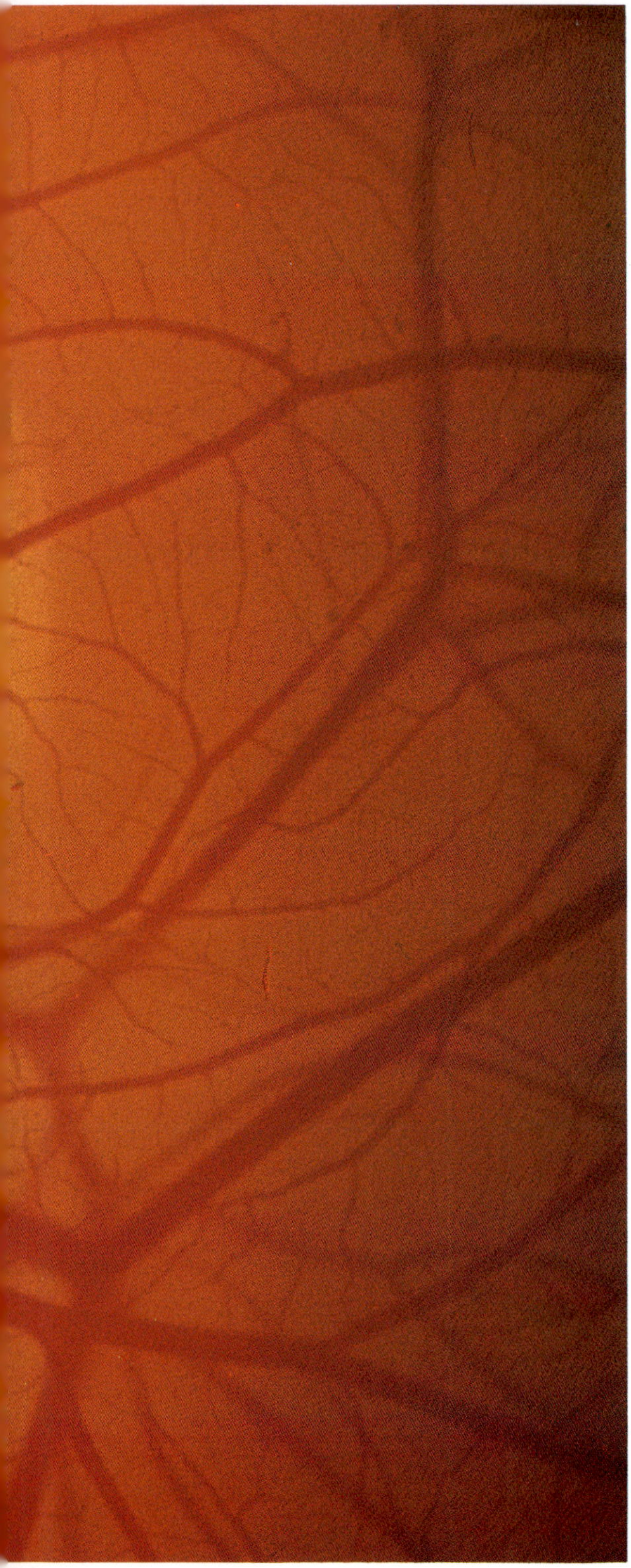

←10日《か》目《め》のはい。頭《あたま》，どう，つばさ，足《あし》，尾《お》の形《かたち》がすっかりニワトリらしくなった。目《め》にはまだまぶたがなく，むきだしである。大《おお》きく胎《たい》動《どう》し，90度《ど》ぐらい，からだのむきをかえたりする。そのときは，血《けっ》管《かん》がよじれるほどである。このころの皮《ひ》ふの表面《ひょうめん》は，毛《け》のはえるところができ，鳥《とり》はだになる。

↓9日《か》目《め》のたまご。はいは3センチほどに成長《せいちょう》し，たまごの中《なか》で大《おお》きく運動《うんどう》している。血管《けっかん》も，たまごぜんたいをおおうようになり，養《よう》分《ぶん》の吸収《きゅうしゅう》や運《うん》ぱんのはたらきがさかんになる。

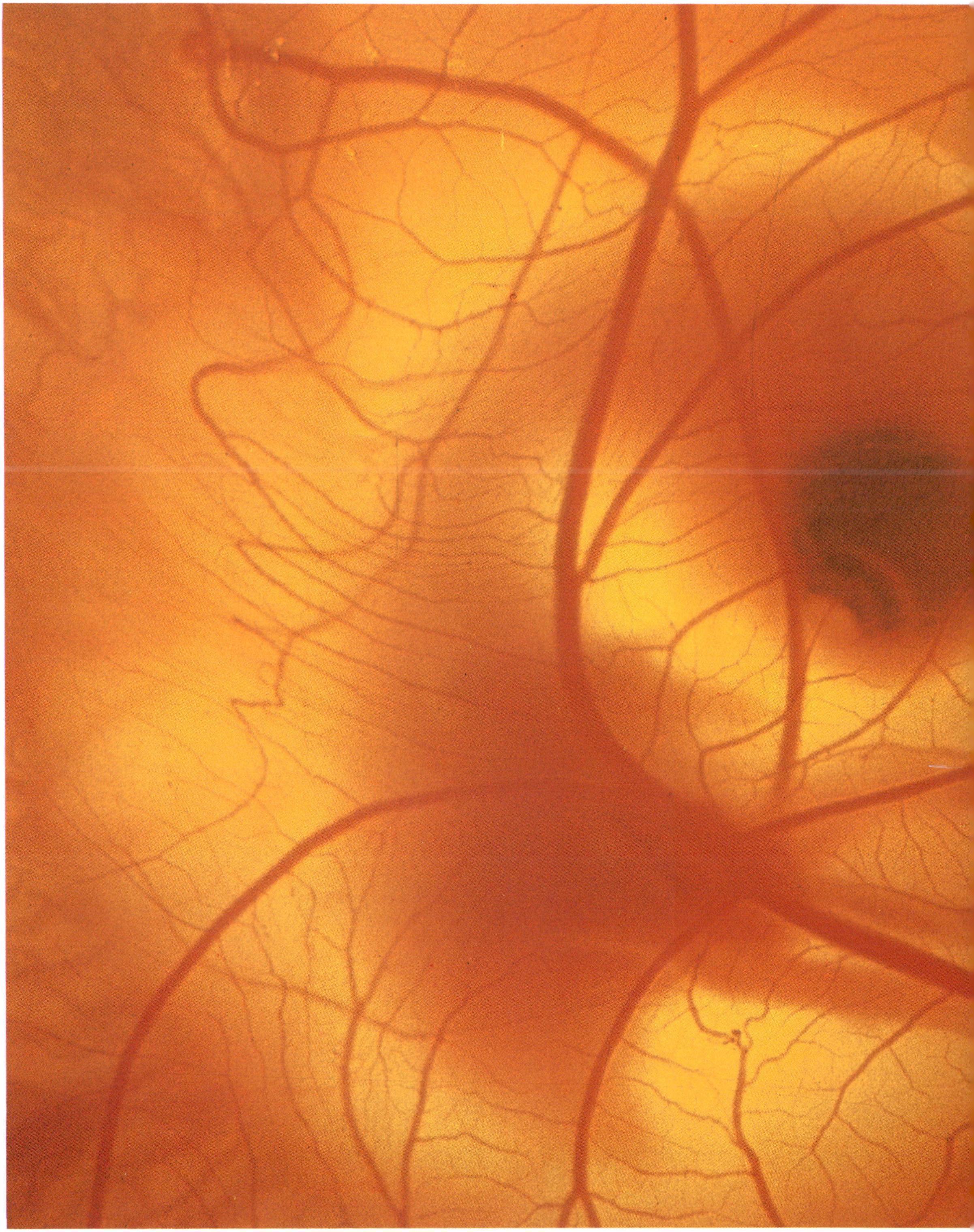

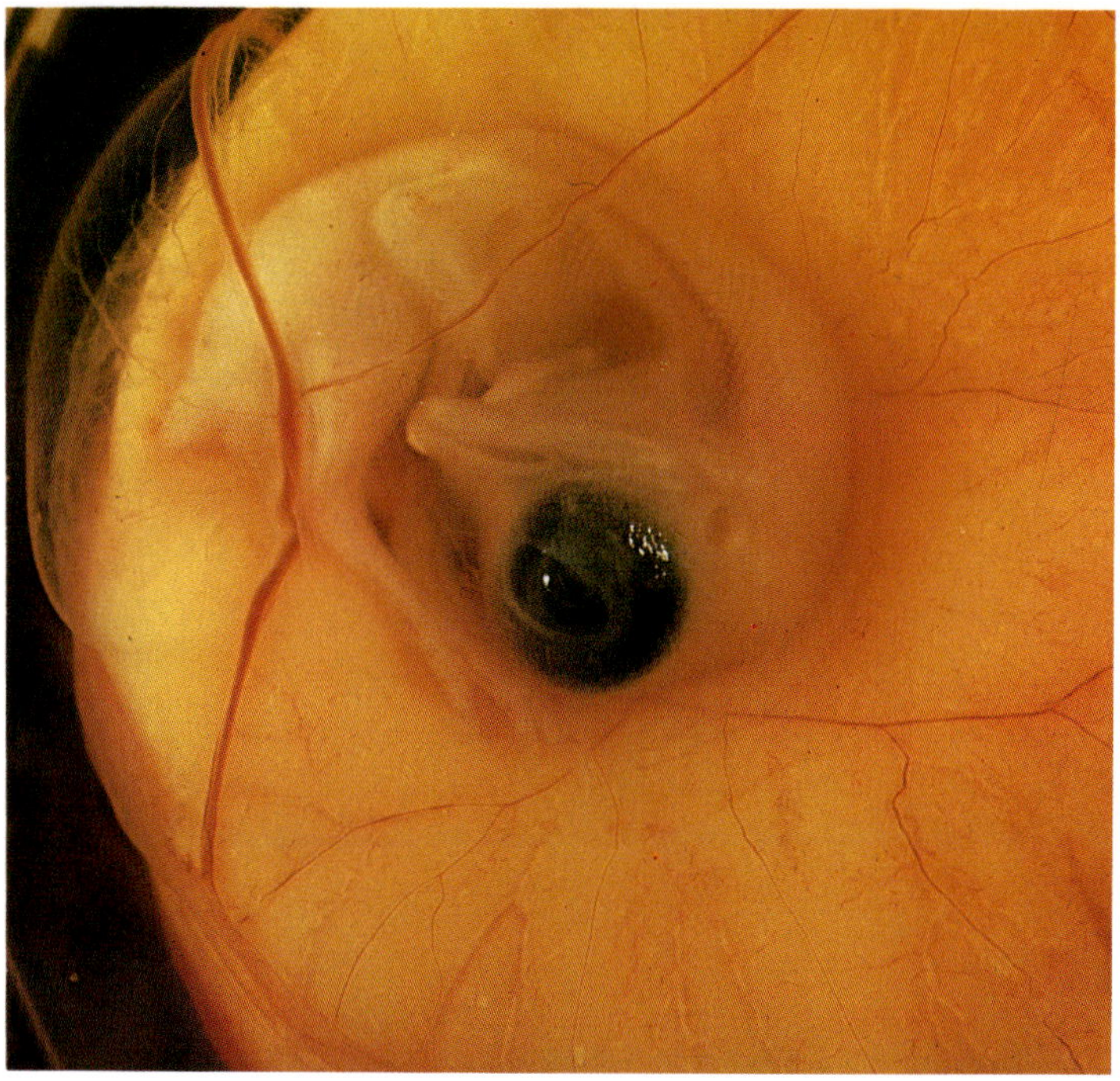

➡11日目《にちめ》のはいを，シャーレにいれたもの。卵黄《らんおう》の上《うえ》に横《よこ》たわるはいは，まぎれもなくニワトリの形《かたち》をしている。目《め》も黒《くろ》く，まぶたはとじはじめる。

目《め》のできかた

脳《のう》や、心《しん》ぞうにつづいて、目《め》もわりあいに早《はや》くできます。

三十時間《じかん》ぐらいたつと、脳《のう》の両《りょう》はしが、半島《はんとう》のようにつきでてきます。これを眼《がん》ほうといいます。

それが四十時《じ》間《かん》ぐらいになると、茶《ちゃ》わんのような形《かたち》にかわります。これを、眼《がん》はいといいます。

三日目《かめ》ぐらいになると、茶《ちゃ》わんの中《なか》にガラス玉《だま》をいれたような、レンズができます。

目《め》玉《だま》ができあがりますと、少《すこ》しずつまぶたができ、目《め》をふさぎます。

⬇7日《か》目《め》，目玉《めだま》ができあがる。

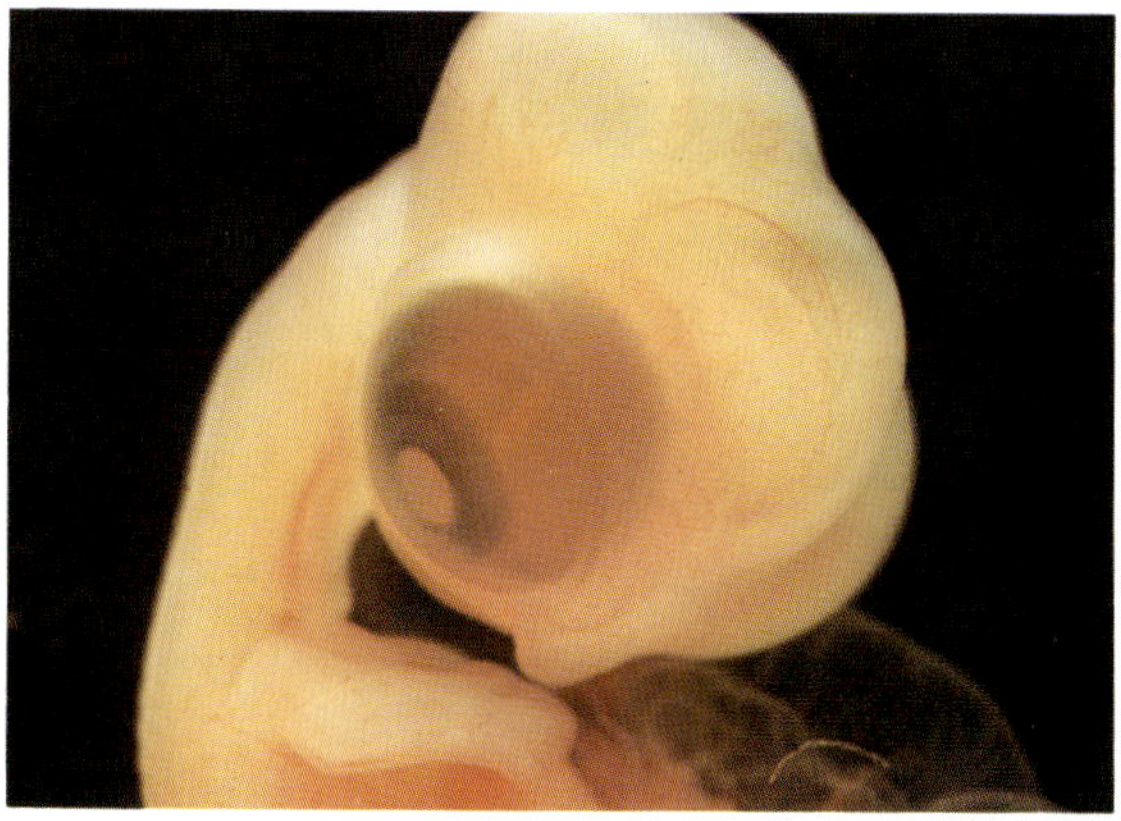

⬇9日《か》目《め》，まぶたができてくる。

⬇13日《にち》目《め》，目《め》をとじる。

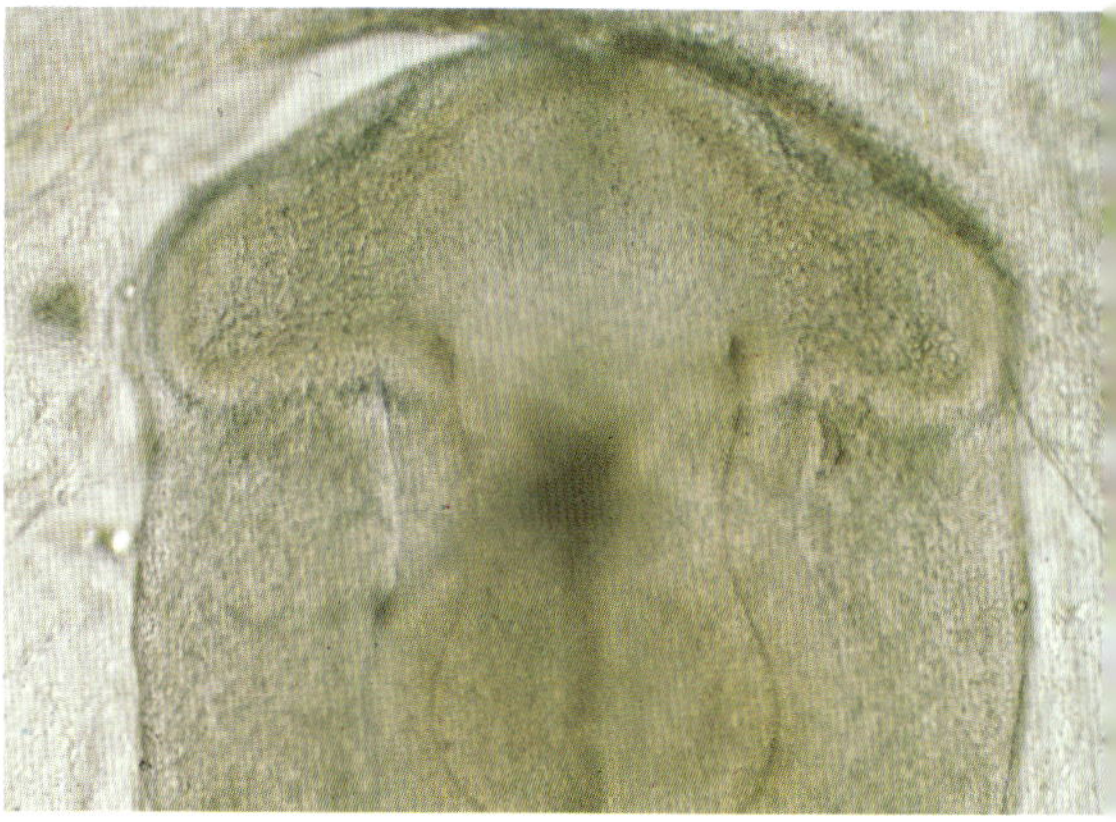

⬆30時《じ》間《かん》目《め》，脳《のう》の両《りょう》はしにつきでた目《め》のもと

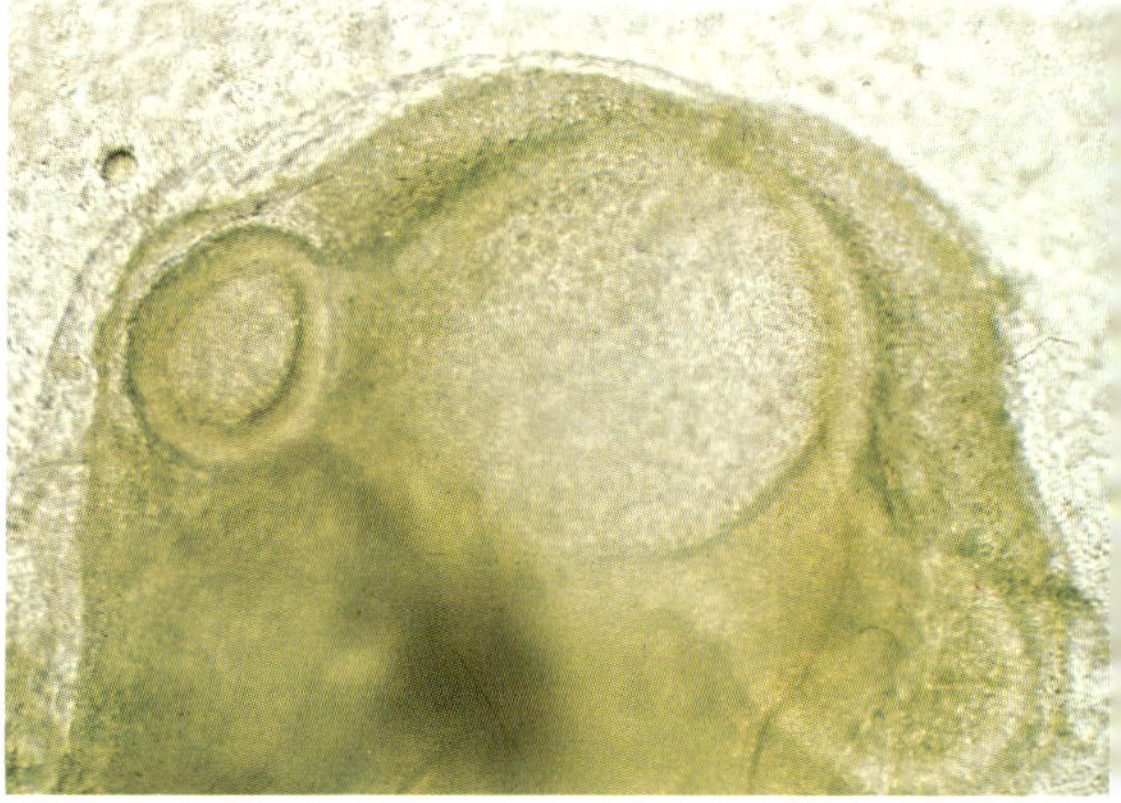

⬆40時《じ》間《かん》目《め》，さらのような眼《がん》はいにかわる。

⬆3日《か》目《め》，眼《がん》はいの中《なか》に，レンズができる。

⬆木《き》の上《うえ》で育《そだ》つカッコウのひなは，赤《あか》はだかのうちにうまれてくる。

➡16日目《にちめ》のひな。13日目《にちめ》ごろからはえはじめた羽毛《はねげ》が，すっかりはえそろっている。

赤子《あかご》

ニワトリのひなは、十三日目《にちめ》ごろからこまかい羽毛《はねげ》がはえてきます。そして、十六日目《にちめ》ぐらいになると、羽毛《はねげ》ははえそろい、長《なが》くなります。

ところが、木《き》の上《うえ》に巣《す》をつくるモズやサギ、ヨシキリのひなは、たまごからうまれたとき、まだ羽毛《はねげ》がはえていません。

これらの鳥《とり》は、赤子《あかご》でうまれ、巣《す》の中《なか》で、えさをはこんでもらっているうちに、羽《はね》がはえてきます。

そして、羽《はね》もでそろい、はばたきができるようになって、はじめて巣立《すだ》っていきます。

↓オオヨシキリのひな。うまれたときは赤子《あかご》であったのが，親鳥《おやどり》からえさをはこんでもらっているうちに，羽《はね》がはえて成長《せいちょう》していく。

⬆ライチョウの親子《おやこ》。たまごからうまれるとすぐ歩《ある》きだし，自分《じぶん》でえさをとる。

うまれてすぐ歩《ある》くひな

すっかり羽毛《はねげ》におおわれても、まだニワトリのひなはうまれません。どうしてでしょう。野鳥《やちょう》のなかでも高山《こうざん》にすむライチョウ、野山《のやま》にすむキジなどは、土《つち》の上《うえ》に巣《す》をつくります。キツネやイタチなど、巣《す》のまわりはきけんがいっぱいです。

ひながうまれると、親鳥《おやどり》はひなをひきつれてすぐ巣《す》をはなれなければなりません。ひなはすぐ歩《ある》きだせるまで、からの中《なか》で育《そだ》ちます。もともとニワトリも、同《おな》じようなくらしをする野鳥《やちょう》だったのです。

↓18日目《にちめ》のひな。はいの成長《せいちょう》にともなって，卵黄《らんおう》の養分《ようぶん》がすいとられ，卵黄《らんおう》よりひなのほうが大《おお》きくなった。目《め》はまだとじている。

ひなのたんじょう

二十一日目《にちめ》。いよいよひなのたんじょうです。

二十日目《はつかめ》ごろにあけられた小《ちい》さなあなは、二十一日目《にちめ》になると、どんどんひろげられます。そして大《おお》きなきなき声《ごえ》とともにからはふたつにわれ、中《なか》からひながうまれます。

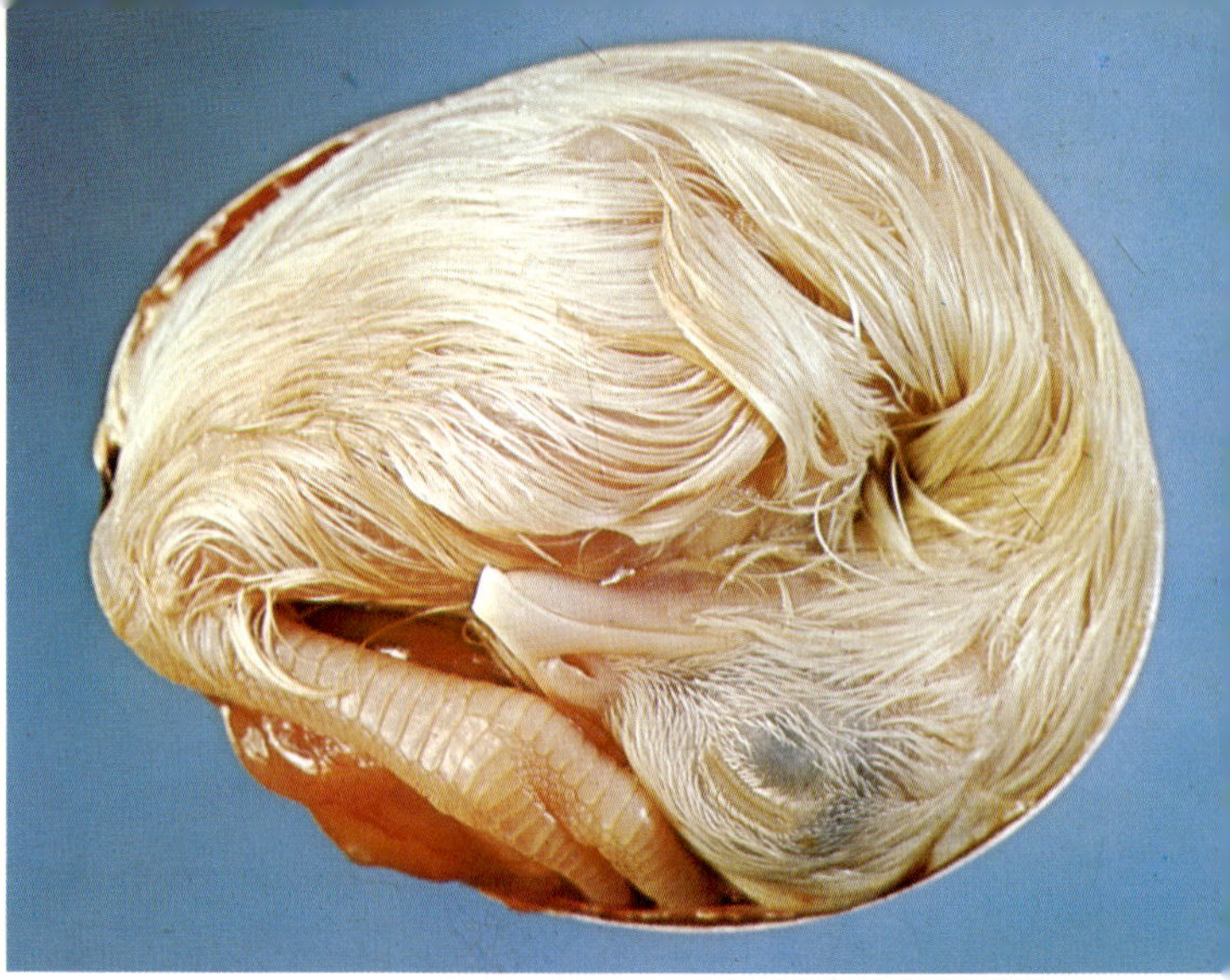

⬆21日目《にちめ》。いよいよひなのたんじょうがはじまる。そのころのたまごをわってみると，ひなはたまごいっぱいの大《おお》きさに成長《せいちょう》して，まるくなってはいっている。くちばしには，たまごをわる卵歯《らんし》がみえる。

⬅二十日目《はつかめ》ごろひなは、くちばしで、たまごに小《ちい》さなあなをあける。

⬅二十一日目《にちめ》、ひなはなきながら、われ目《め》を線《せん》のようにつなげていく。

⬅われ目《め》がつながるころ、からだや足《あし》をのばして、われ目《め》をひろげる。

←なき声《こえ》とともにからだをのばすと、からはわれ、ひながうまれる。

←からがわれると、長《なが》い足《あし》をのばし、はいでようとからだをうごかす。

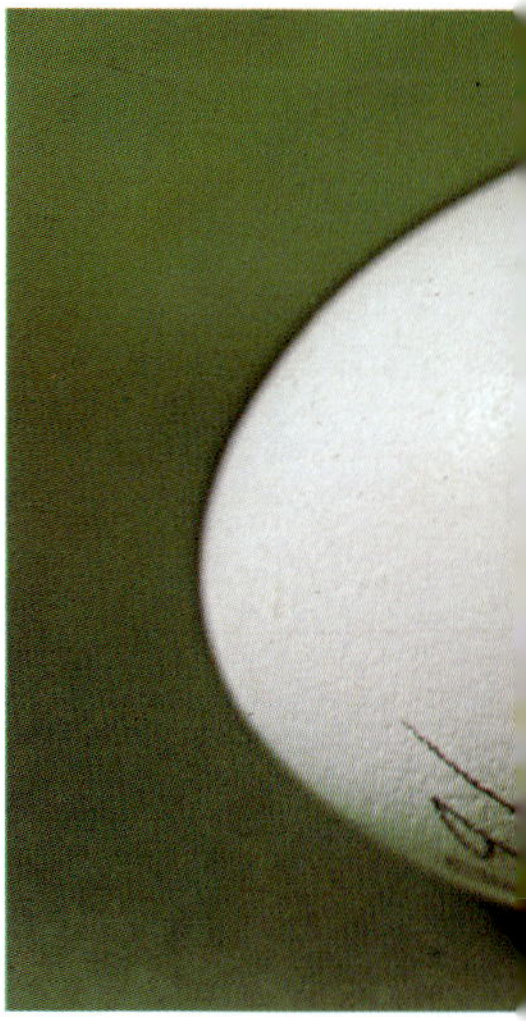

←やっとからからぬけだした。つかれたのかひとやすみ。

➡ひなのたんじょう。たまごいっぱいに育《そだ》ったひなは、自分《じぶん》でからをやぶってうまれてくる。うまれるとすぐ目《め》をひらき、元気《げんき》よくなき、歩《ある》きまわる。

⬅ふ化場《かじょう》でうまれたひな。注意深《ちゅういぶか》く管理《かんり》されてきたたまごは、何百何千羽《なんびゃくなんぜんわ》と、いっせいにひなにかえる。そして、おすと、めすにわけられる。

うまれたてのひなは、ぬれねずみのようですが、一〜二時間《じかん》もすれば、ひなの羽毛《はねげ》はすっかりかわいて、あたたかそうな、ワタ毛《げ》になります。

そして、ちょこちょこ歩《ある》きまわり、ひっきりなしにないています。

うまれたばかりのひなには、えさはやらなくていいのです。

なぜかというと、たまごの中《なか》でつかいきれなかった卵黄《らんおう》が、ひなのおなかの中《なか》にはいってしまい、べんとうの役目《やくめ》をしているからです。

ですから、ひなのえさは、うまれてから二日《か》ぐらいたってやります。

まるいたまごが、
かわいいひなにかえりました。
このひなたちが、大《おお》きくなって、
また、たくさんの
たまごをうむのです。

＊たまご、それは生命《せいめい》のカプセル

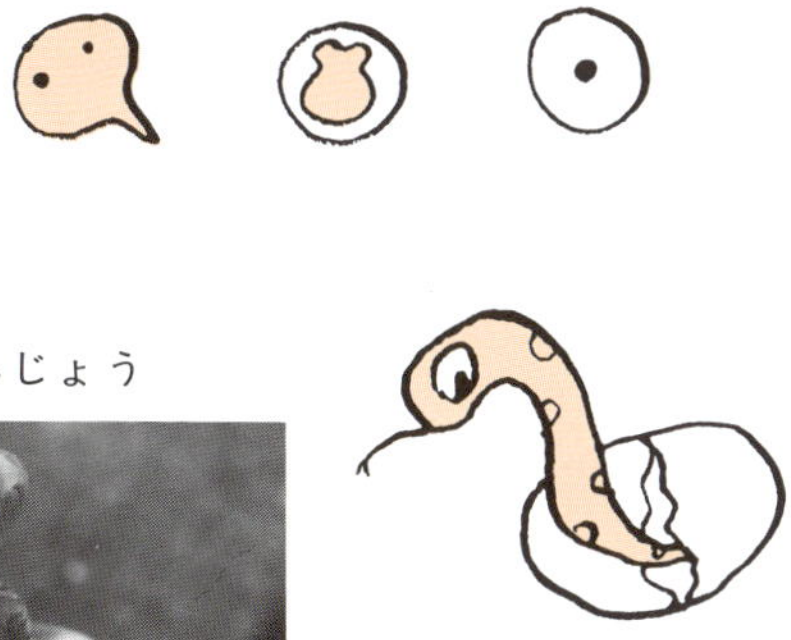

↑ニワトリのたんじょう

↓サケのたんじょう

ニワトリが先《さき》か、たまごが先《さき》か、という議論《ぎろん》があります。たまごはニワトリからうまれる。そのニワトリは、たまごからうまれる。さて、どちらが先《さき》なのでしょう。

このことはさておき、もしニワトリがたまごをうまなかったら、ニワトリはこの世《よ》からすがたを消《け》してしまいます。一定《いってい》の寿命《じゅみょう》をもったニワトリは、自分《じぶん》が死《し》んだあと、子孫《しそん》がたえないようにちゃんとたまごの中《なか》に生命《せいめい》をつたえているのです。

たまごをうむ動物《どうぶつ》は、ニワトリばかりではありません。サケ、マス、カエル、カメ、ヘビ、トカゲ、ハト、キジ、ダチョウ、それに乳《ちち》で子《こ》どもを育《そだ》てるカモノハシまで、たまごをうみます。

サケとマスのたまごは見《み》わけのつかないほどよくにていますが、サケのたまごからはサケが、マスのたまごからはマスが、まちがいなくうまれます。たまごは、その動物《どうぶつ》の生命《せいめい》を宿《やど》したカプセルのようなものです。

＊たまごを敵《てき》からまもるために

鳥《とり》が、たまごをうみ、それをひなにかえすには、何日《なんにち》もかかります。そのあいだ親鳥《おやどり》は、外敵《がいてき》からたまごをまもるために、いろいろなくふうをしています。

沼《ぬま》や池《いけ》にすむカイツブリは、水草《みずくさ》をあつめて水面《すいめん》にういた巣《す》をつくります。ですから、雨《あめ》で水《みず》かさがふえても、日《ひ》でりで水《みず》かさがへってもへいきです。また、水草《みずくさ》のかたまりですから、敵《てき》にみつかる心配《しんぱい》もありません。親鳥《おやどり》が、巣《す》からはなれるときは、たまごの上《うえ》に水草《みずくさ》をかけて、たまごをかくします。

コウノトリやカワウは、高《たか》い木《き》の上《うえ》に巣《す》をつくり、敵《てき》のちかづくのをふせぎます。

高山《こうざん》にすむライチョウは、ハイマツのなかに巣《す》をつくりますが、巣《す》をかれ草《くさ》でわからなくして、敵《てき》の目《め》をあざむきます。

川原《かわら》にすむコアジサシは、石《いし》ころとみわけのつかないようなたまごを、小石《こいし》の上《うえ》にうみます。

ヒバリは、自分《じぶん》の巣《す》からはなれたところでとびたち、巣《す》のある場所《ばしょ》をおしえません。このようにして、親鳥《おやどり》たちは、いっしょうけんめいに、たまごをまもっています。

➡高《たか》い木《き》の上《うえ》に巣《す》をつくるカワウ。外敵《がいてき》のちかづくのをふせいでいる。
⬇海《うみ》に面《めん》した岩《がん》ぺきの岩《いわ》だなに巣《す》をつくるウミガラス。敵《てき》は海《うみ》でさえぎられる。

←ハイマツの林《はやし》に巣《す》をつくるライチョウ
かれ木《き》やかれ草《くさ》で巣《す》やたまごをかくす

↓川原《かわら》に，小石《こいし》のようなたまごをうむコアジサシ。

ニワトリには、肉用種《にくようしゅ》、たまご用種《ようしゅ》と、いろいろな品種《ひんしゅ》があります。しかし、もともとニワトリの祖先《そせん》は、キジやライチョウと同《おな》じような野鳥《やちょう》だったのです。ですから、ニワトリも野鳥《やちょう》と同《おな》じようにたまごをあたため、自分《じぶん》でひなをかえします。

一度《ど》に十羽《わ》もかえったひよこをつれて、庭《にわ》を散歩《さんぽ》するニワトリの親子《おやこ》のすがたは、ほほえましい光景《こうけい》です。しかし、いまでは山里《やまざと》へでもいかないかぎり、ほとんど見《み》られません。

●**カッコウの仮《か》り親《おや》** カッコウは、たまごをモズやヨシキリ、アオジなど、ほかの鳥《とり》の巣《す》にひとつだけうみつけます。モズなどにあたためられたたまごは、十～十二日《にち》でかえります。ひなは、ほかのたまごを巣《す》の外《そと》へおしだして、えさをひとりじめにして大《おお》きくなります。

↓アオジに育《そだ》てられるカッコウのひな(右《みぎ》)。

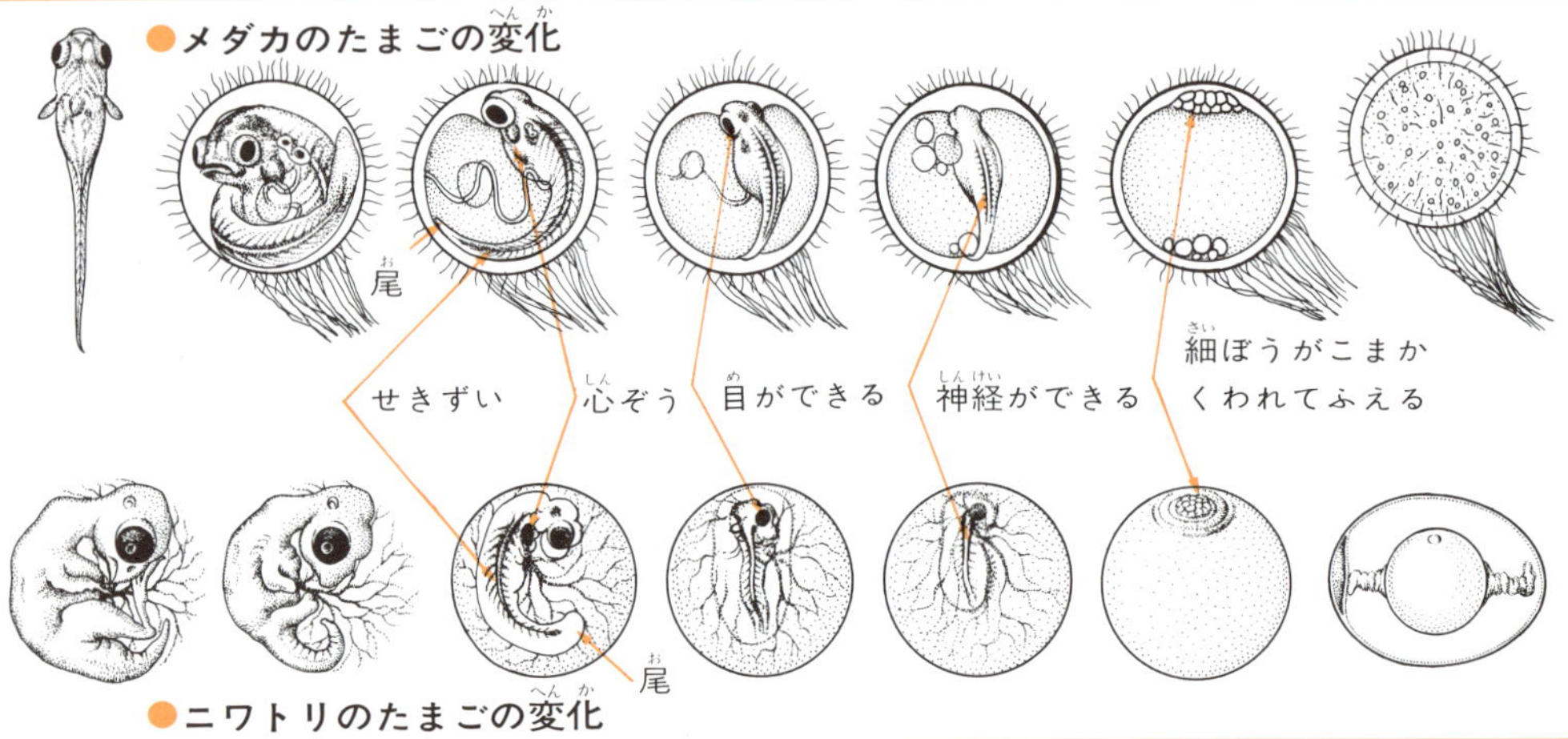

●メダカのたまごの変化《へんか》
尾《お》
せきずい
心《しん》ぞう
目《め》ができる
神経《しんけい》ができる
細《さい》ぼうがこまかくわれてふえる
尾《お》
●ニワトリのたまごの変化《へんか》

＊からの中《なか》の進化《しんか》

たまごから、子《こ》どもになるまでの変化《へんか》を、いろいろな動物《どうぶつ》で、くらべてみましょう。

メダカは、水中生活《すいちゅうせいかつ》をする魚《さかな》です。カエルは、水《みず》と陸《りく》の両《りょう》ほうで生活《せいかつ》します。ニワトリは、陸《りく》だけで生活《せいかつ》します。

このように、メダカもカエルもニワトリも、生活《せいかつ》する場所《ばしょ》はちがうし、親《おや》になったときの大《おお》きさ、形《かたち》もたいへんちがっています。

ところが、ふしぎなことに、たまごの中《なか》で育《そだ》つようすをくらべてみますと、よくにたところがあるのに、おどろかされます。

まずはじめは、細《さい》ぼうがこまかくわれて、数《かず》がふえます。そして神経《しんけい》や目《め》ができます。このころのメダカもニワトリも細長《ほそなが》く、魚《さかな》のようで、よくにています。

つづいて、はいのからだはまがり、目《め》や尾《お》やせきずいが、だんだんつくられていきます。

また、はいは水中生活《すいちゅうせいかつ》をしています。ニワトリは、羊水《ようすい》という水《みず》の中《なか》にういています。

おもしろいことに、ニワトリにもヒトにも、魚《さかな》のようなえら下《した》の写真《しゃしん》は，ニワトリとヒトのはいです。よくにていますが区別《くべつ》がつきますか。左《ひだり》がヒトのはいです。

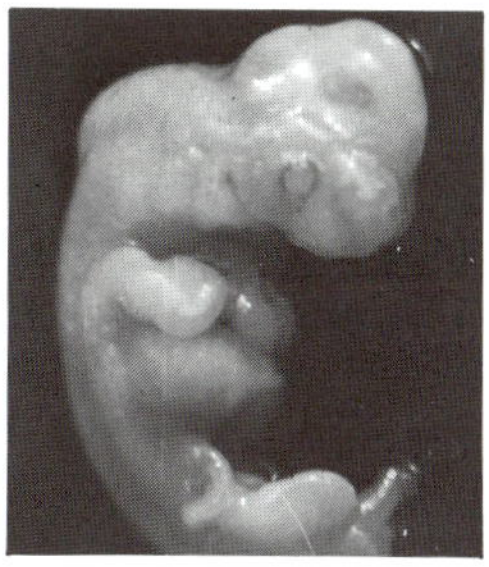

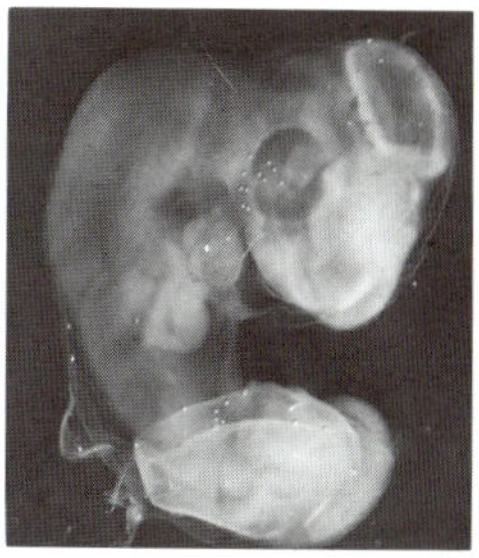

をもつ時期《じき》があるということです。魚《さかな》でもない鳥《とり》やヒトが、どうしてえらなどあるのかふしぎですね。

このようにして、はいの育《そだ》ちはじめは、魚《さかな》も、鳥《とり》も、ヒトもよくにていて、区別《くべつ》しにくいくらいです。

このことは、これらの動物《どうぶつ》の祖先《そせん》が、きっと同《おな》じだったのではないかという考《かんが》えのしょうこになっています。

ニワトリは、うまれるとすぐ歩《ある》きだします。ですから、たまごの中《なか》で、羽毛《はねげ》のはえたひなにまで成長《せいちょう》してうまれるのです。

カエルの育《そだ》ちかた

ヒキガエルは、春先《はるさき》に、池《いけ》やぬまの中《なか》にたまごをうみます。めすがたまごをうむと、おすはその上《うえ》に精子《せいし》をかけます。受精《じゅせい》したたまごは、だんだん育《そだ》っていき、おたまじゃくしとなって、水中《すいちゅう》におよぎでます。

カエルのはいは、はじめダルマのような形《かたち》をしていますが、神経《しんけい》や目《め》が先《さき》にできるのは、ニワトリと同《おな》じです。

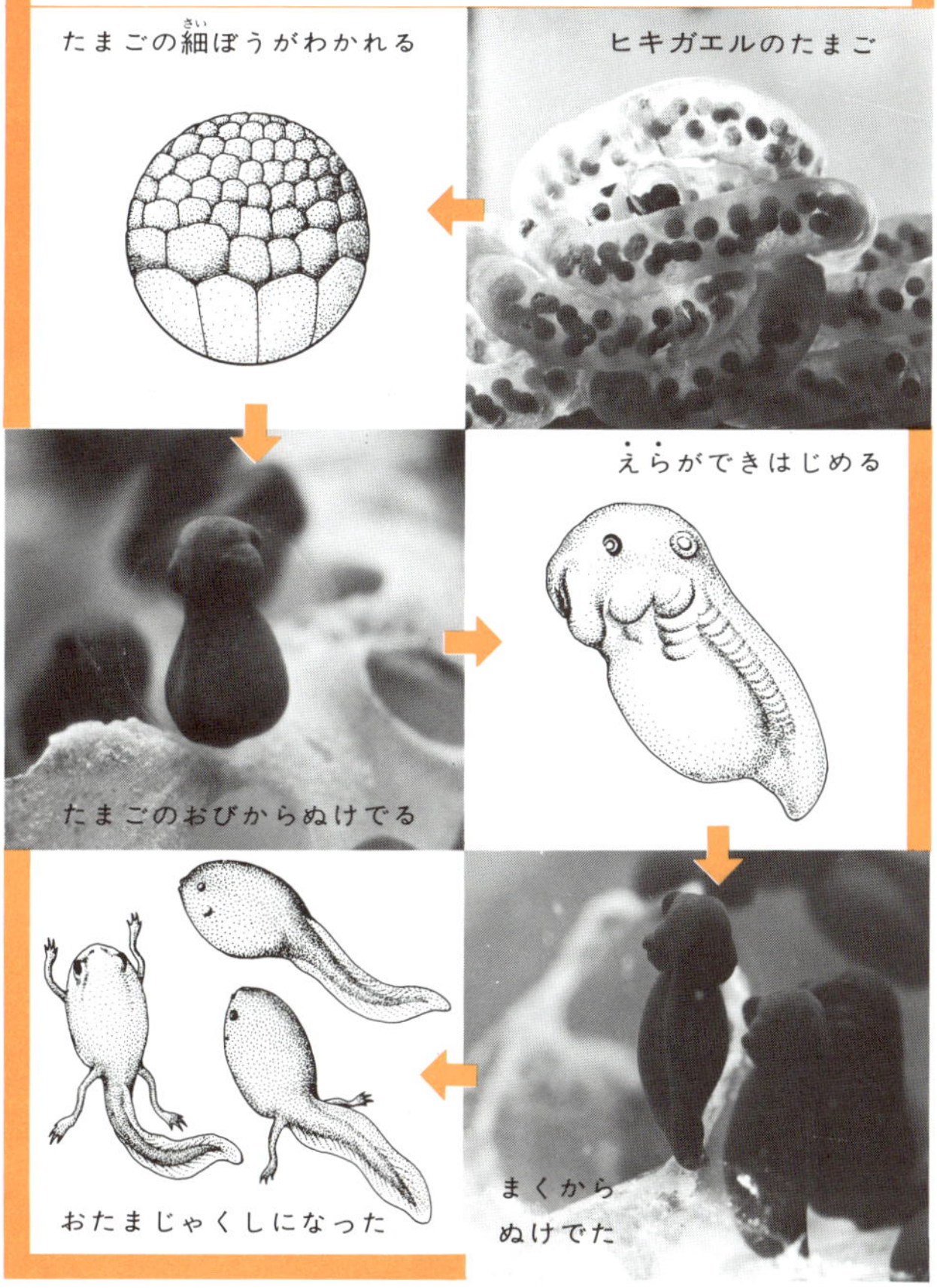
ヒキガエルのたまご
たまごの細《さい》ぼうがわかれる
たまごのおびからぬけでる
えらができはじめる
まくからぬけでた
おたまじゃくしになった

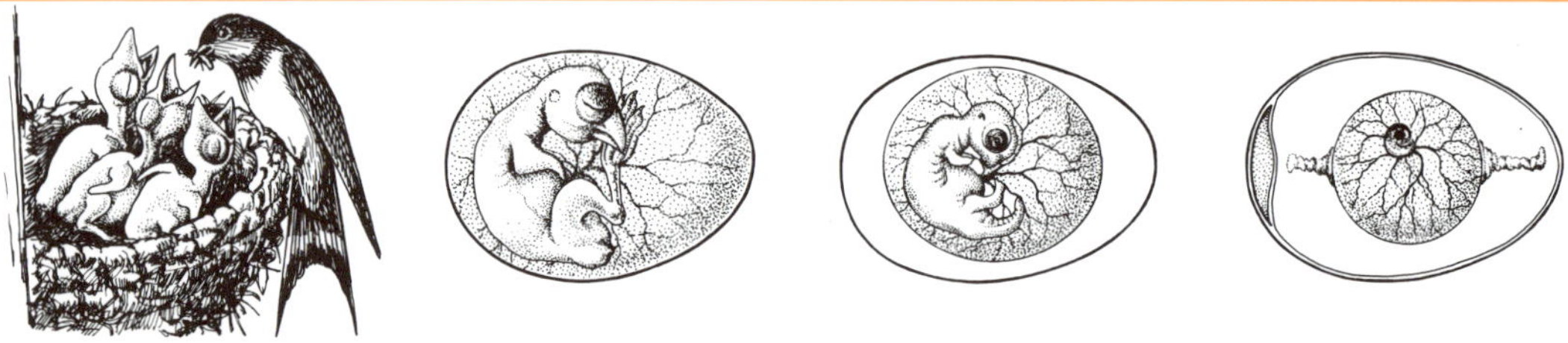

●ツバメのたまごの変化《へんか》

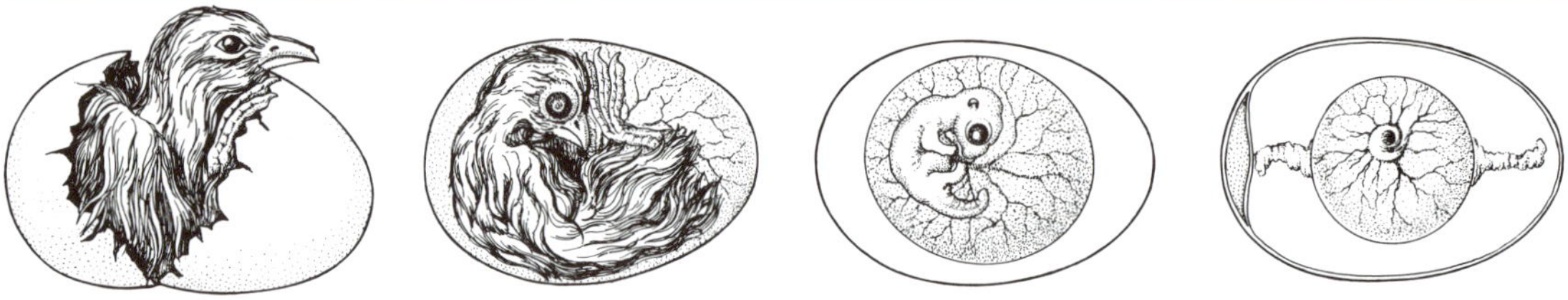

●ニワトリのたまごの変化《へんか》

ひなは、地上《ちじょう》を歩《ある》きまわることはできますが、空《そら》をとぶことはできません。なぜかというと、うまれたてのひなは羽毛《はねげ》だけで、空《そら》をとぶための羽《はね》がないからです。

羽《はね》がはえるまでには、数《すう》か月《げつ》かかります。しかしニワトリは、ほかの野鳥《やちょう》のように、空高《そらたか》くまいあがることができません。

ニワトリと同《おな》じなかまのキジやヤマドリやライチョウも、うまれるとすぐに歩《ある》きまわって、えさをひろいます。キジやヤマドリは野鳥《やちょう》ですから、ニワトリとちがって、空《そら》をとおくまでとびます。これらの鳥《とり》は、地上《ちじょう》に巣《す》をつくるのがとくちょうです。

ツバメは、家《いえ》ののきなどにどろをこねて巣《す》をつくります。うまれたひなは赤子《あかご》で、目《め》もひらいていません。もし、ツバメがニワトリと同《おな》じように、うまれてすぐ歩《ある》きだしたら、のきからおちて死《し》んでしまいます。ツバメやモズなどは、高《たか》いところに巣《す》をつくり、赤子《あかご》がいちにんまえになって、とべるようになるまで、巣《す》の中《なか》で親《おや》にやしなわれます。

このように、うまれてすぐ歩《ある》く鳥《とり》は地上《ちじょう》に、赤子《あかご》の鳥《とり》は高《たか》いところに巣《す》をつくるようです。

同《おな》じ鳥《とり》でも、種類《しゅるい》によってずいぶん育《そだ》ちかたがちがいますね。

ツバメは，赤子《あかご》でうまれてくる。親《おや》に育《そだ》てられるうちにとぶための羽《はね》がはえてくる。

ニワトリは，うまれたときから羽毛《はねげ》がはえている。写真《しゃしん》はうまれて数時間《すうじかん》たったもの。

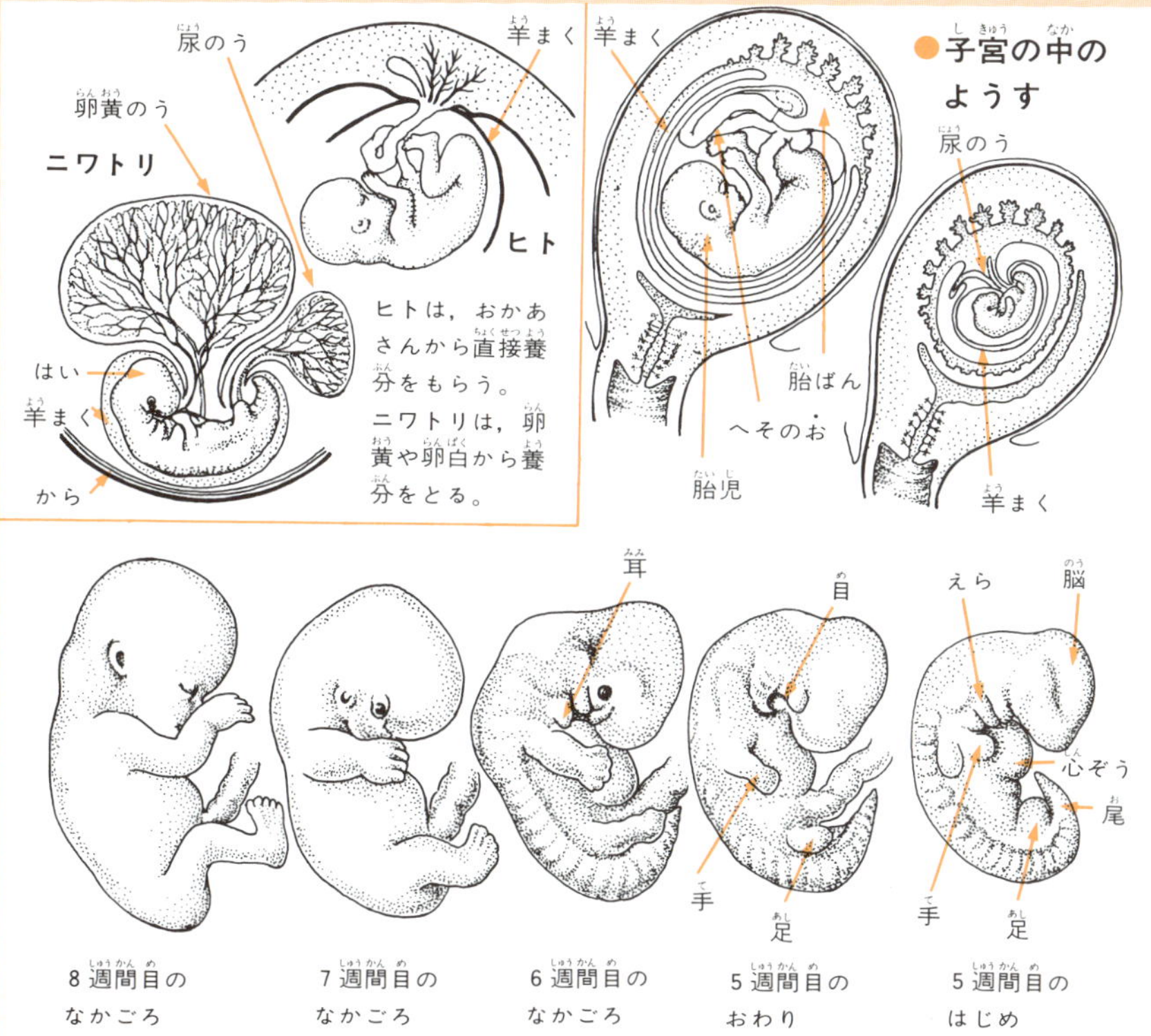

ニワトリ
卵黄《らんおう》のう
尿《にょう》のう
羊《よう》まく
はい
羊《よう》まく
から
ヒト
ヒトは，おかあさんから直接養分《ちょくせつようぶん》をもらう。
ニワトリは，卵黄《らんおう》や卵白《らんぱく》から養分《ようぶん》をとる。
子宮《しきゅう》の中《なか》のようす
羊《よう》まく
胎《たい》ばん
へそのお
胎児《たいじ》
尿《にょう》のう
羊《よう》まく
耳《みみ》
目《め》
えら
脳《のう》
心《しん》ぞう
尾《お》
手《て》
足《あし》
手《て》
足《あし》
8週間目《しゅうかんめ》のなかごろ
7週間目《しゅうかんめ》のなかごろ
6週間目《しゅうかんめ》のなかごろ
5週間目《しゅうかんめ》のおわり
5週間目《しゅうかんめ》のはじめ

人間《にんげん》のたんじょう

ヒトは、おかあさんのおなかの中《なか》で育《そだ》ってうまれてきます。育《そだ》つための養分《ようぶん》は、へそのおを通《とお》して、おかあさんから直接《ちょくせつ》もらいます。五週間目《しゅうかんめ》ぐらいのはいには、ニワトリと同《おな》じように、えらや尾《お》がついています。

たまごのごはんかけ、おいしいゆでたまごなど、わたしたちはいつもたまごを見《み》ています。
しかし、たまごのつくりやはたらき、成分《せいぶん》などについて、どれだけのことをしっているでしょうか。
もう一度《ど》しらべてみましょう。

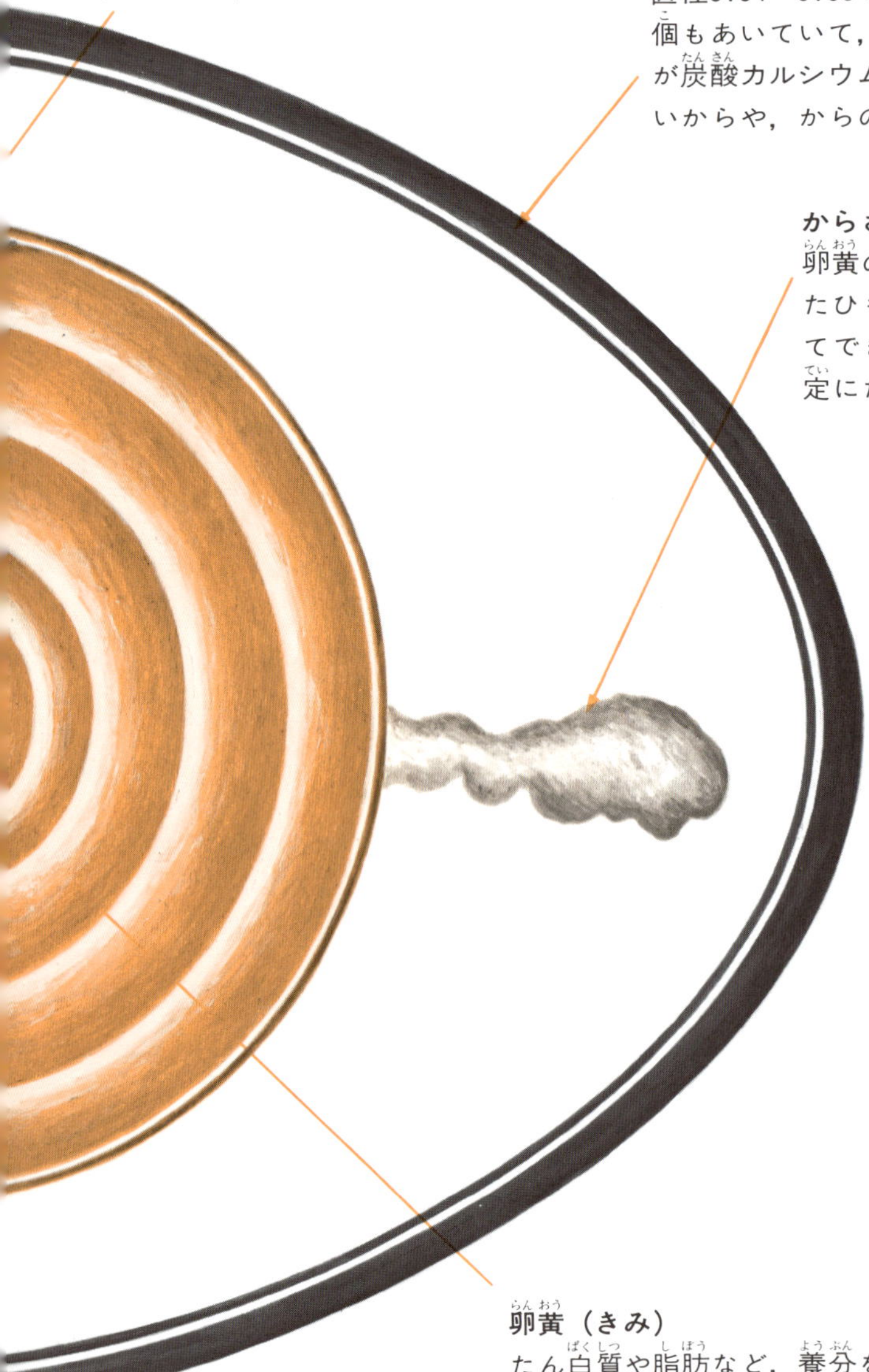

はい（はいばん）
卵黄《らんおう》の上《うえ》に白《しろ》く見《み》えるもので，ふつう目《め》といい，ひなになるところ。

から（卵《らん》かく）
かたくて白《しろ》いから。主成分《しゅせいぶん》は炭酸《たんさん》カルシウム。直径《ちょっけい》0.04～0.05ミリの小《ちい》さなあなが，約《やく》7,000個《こ》もあいていて，呼吸《こきゅう》に役立《やくだ》っている。親鳥《おやどり》が炭酸《たんさん》カルシウムをとる量《りょう》が少《すく》ないと，うすいからや，からのないたまごができてしまう。

からざ
卵黄《らんおう》の両側《りょうがわ》につく，太《ふと》くてねじれたひも状《じょう》の物質《ぶっしつ》。卵白《らんぱく》がこくなってできたもので，卵黄《らんおう》の位置《いち》を一定《いってい》にたもつはたらきがある。

卵黄《らんおう》（きみ）
たん白質《ぱくしつ》や脂肪《しぼう》など，養分《ようぶん》をたくさんふくんでいる部分《ぶぶん》で，はいの栄養《えいよう》になる。たまごをかたくゆでてきってみると，白《しろ》いすじが見《み》えるが，白《しろ》い部分《ぶぶん》が白色卵黄《はくしょくらんおう》で，夜《よる》つくられ，黄色《きいろ》い部分《ぶぶん》が黄色卵黄《おうしょくらんおう》で，昼《ひる》つくられる。

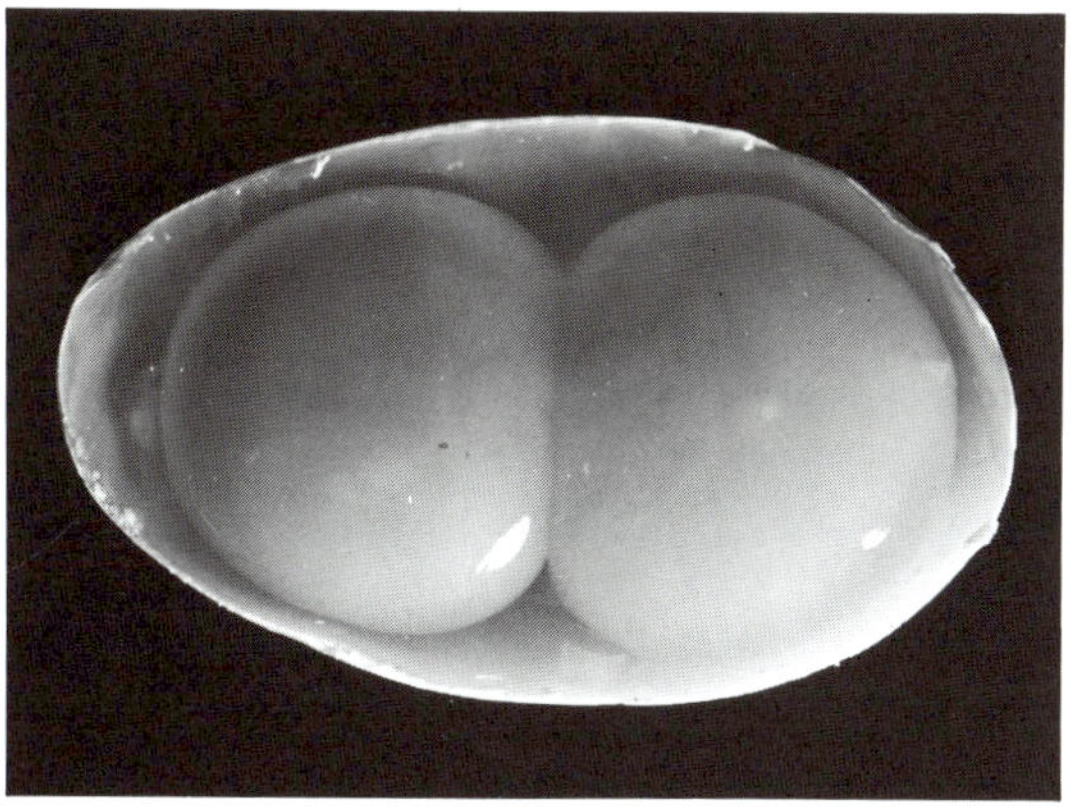

⬆ふたごのたまご。ひとつのたまごの中《なか》にふたつの卵黄《らんおう》がはいっているもので，卵巣《らんそう》から一度《ど》に2個《こ》の卵黄《らんおう》がだされると，このようなふたごのたまごになる。

気室《きしつ》
卵《らん》まくと卵《らん》まくのあいだに空気《くうき》をためた部屋《へや》。たまごが古《ふる》くなると，からのあなから空気《くうき》がはいって，気室《きしつ》が大《おお》きくなる。

卵《らん》まく（卵《らん》かくまく）
ケラチンというせんいでできた2まいのうすいまくで，たまごぜんたいをつつんでいる。

卵白《らんぱく》（しろみ）
卵白《らんぱく》には，こい卵白《らんぱく》とうすくて水《みず》のような卵白《らんぱく》がある。卵白《らんぱく》の85パーセントは水《みず》で，のこりはほとんどたん白質《ぱくしつ》で，はいの養分《ようぶん》としてつかわれる。

	たまごぜんたいに対《たい》する重《おも》さの割合《わりあい》	水分《すいぶん》	たん白質《ぱくしつ》	脂肪《しぼう》	炭水化物《たんすいかぶつ》	灰分《はいぶん》
から	11.5%	1.6%	3.3%	——	——	95.1%
卵《らん》ぱく	58.5%	87.9%	10.6%	0.2%	0.5%	0.8%
卵黄《らんおう》	30.0%	48.6%	17.3%	32.2%	0.4%	1.5%

＊茶《ちゃ》わん法《ほう》で観察《かんさつ》しよう

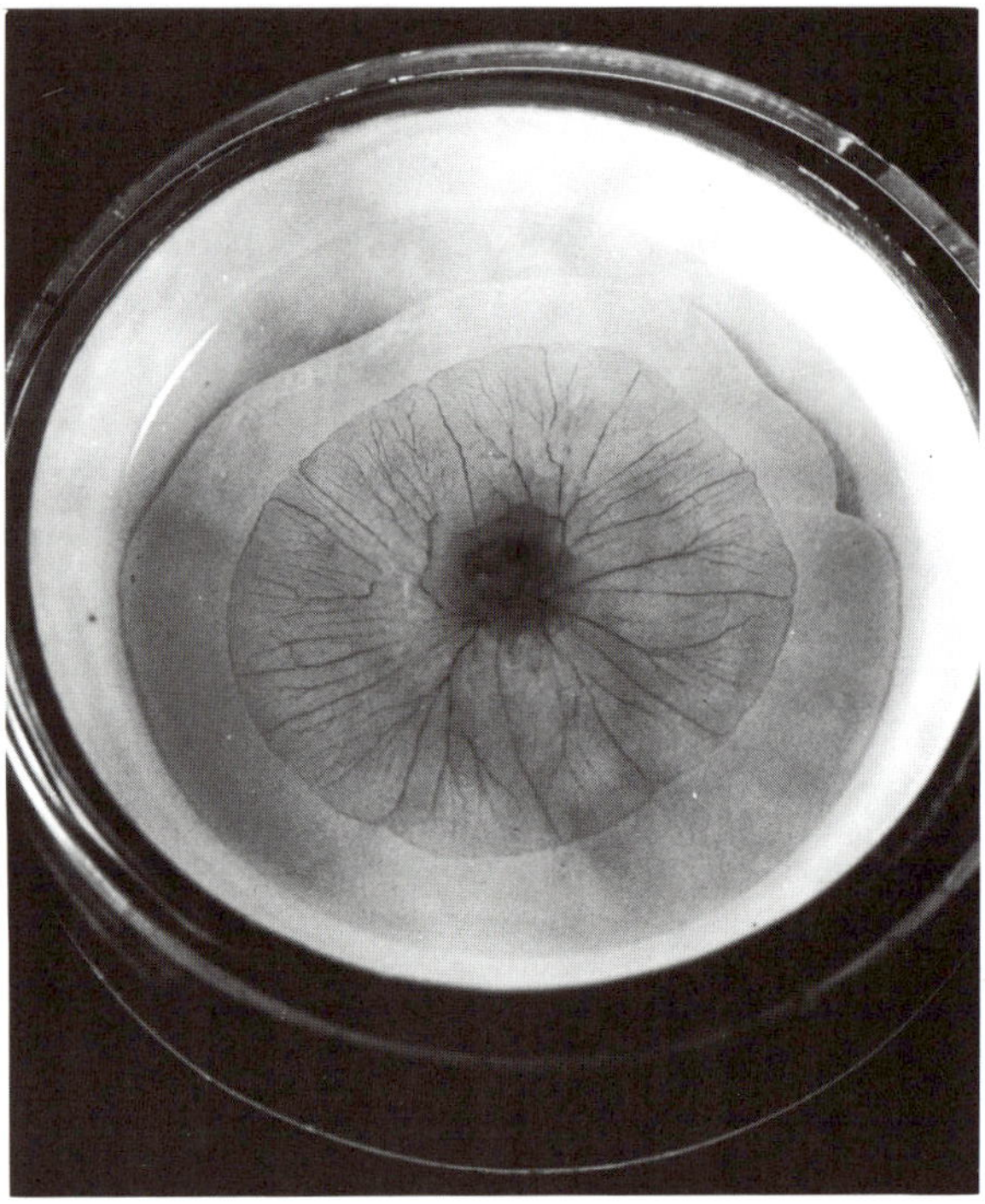

⬆茶《ちゃ》わんの中《なか》で，16日間育《にちかんそだ》てることに成功《せいこう》したひな。

➡茶《ちゃ》わんの中《なか》で育《そだ》っている６日《か》目《め》のはい。

ニワトリのたまごのからは不《ふ》とう明《めい》なので、ひとつのはいが成長《せいちょう》していくようすを、つづけて観《かん》察《さつ》することはできません。

ところが、たまごのなかみを茶《ちゃ》わんにいれ、シャーレでふたをしてあたためると、はいの育《そだ》っていくようすが、つづけて観察《かんさつ》できます。

はいを茶《ちゃ》わんで育《そだ》てる方法《ほうほう》を、茶《ちゃ》わん法《ほう》といいます。注意《ちゅうい》してやれば、だれにでもできますから、ためしてみてください。しかし、茶《ちゃ》わんの中《なか》で、ひなをかえすことには、だれも成功《せいこう》していません。

●**じゅんびするもの**　受精卵《じゅせいらん》、ふ卵器《らんき》または熱帯《ねったい》魚《ぎょ》の水《すい》そう、茶《ちゃ》わん（直径《ちょっけい》八センチぐらい）、シャーレ、平《ひら》やすり、メス、ガーゼ、なべ（消毒《しょうどく》につかう）、検卵器《けんらんき》（自分《じぶん》でくふうしてつくる）。

シャーレでふたをした茶《ちゃ》わん

検卵器《けんらんき》

1 たまごの用意《ようい》

受精卵《じゅせいらん》をふ卵器《らんき》にいれて、約《やく》二〜三日《か》ぐらいあたためる。目《め》の部分《ぶぶん》がひろがって、検卵器《けんらんき》ではいの位置《いち》がわかるようになる。四日以上《いじょう》たつと成長《せいちょう》しすぎてよくない。

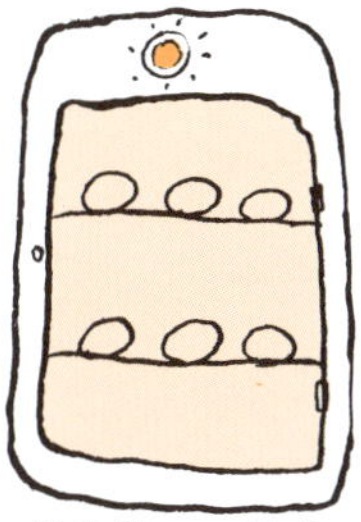

受精卵《じゅせいらん》をふ卵器《らんき》にいれる

2 器具《きぐ》の消毒《しょうどく》

茶《ちゃ》わん、シャーレ、ヤスリ、メス、ガーゼをなべにいれて約《やく》五分間《ふんかん》熱湯《ねっとう》消毒《しょうどく》する。オスバンなど逆性石《ぎゃくせいせっ》けんを百倍《ひゃくばい》にうすめて、それで消毒《しょうどく》してもよい。完全《かんぜん》に消毒《しょうどく》しないと、たまごはくさってしまう。

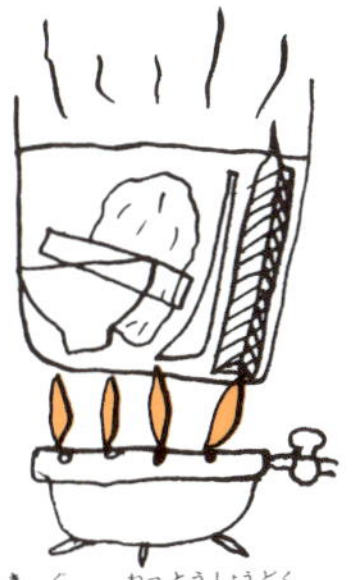

器具《きぐ》を熱湯《ねっとう》消毒《しょうどく》する

3 検卵《けんらん》

ふ卵器《らんき》からたまごをとりだし、検卵器《けんらんき》の上《うえ》にのせ、電灯《でんとう》ですかしてはいの位置《いち》をたしかめる。そしてはいを中心《ちゅうしん》にして、暗《くら》くなっている部分《ぶぶん》にえんぴつで印《しるし》をつける（A）。またヤスリできるための印《しるし》もつける（B）。

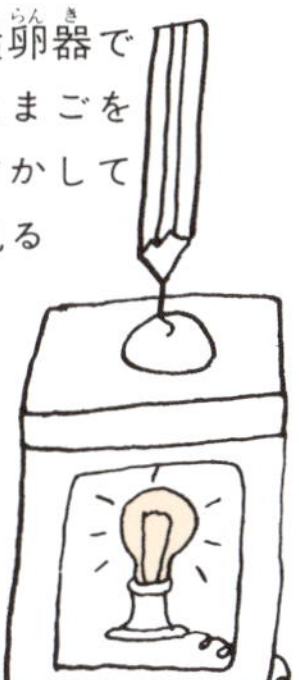

検卵器《けんらんき》でたまごをすかして見《み》る

4 からにきずをつける

やすりでからにきずをつける。このとき、Aの部分《ぶぶん》をのこして、Bの線《せん》にそって、たまごの四分《ぶん》の三ぐらいをきる。きりこみは、からだけにとどめ、卵《らん》まくはのこすことがたいせつ。

やすりでたまごのからにきずをいれる

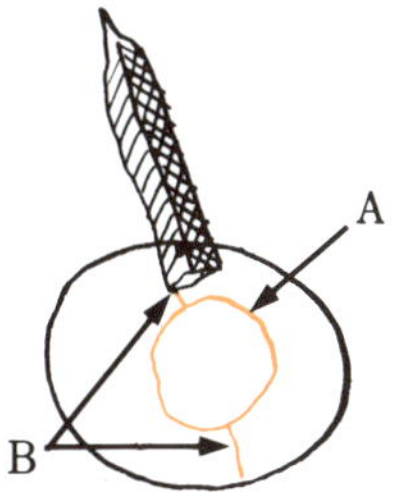

5 たまごを茶《ちゃ》わんにいれる

きずをつけたたまごを、もう一度《ど》検卵器《けんらんき》にのせ、はいがAの位置《いち》にくるまでまつ。はいがもどったら、メスで卵《らん》まくをきり、なかみを茶《ちゃ》わんの中《なか》におとす。そして、すばやくシャーレをかぶせる。

たまごのなかみを茶《ちゃ》わんにうつす

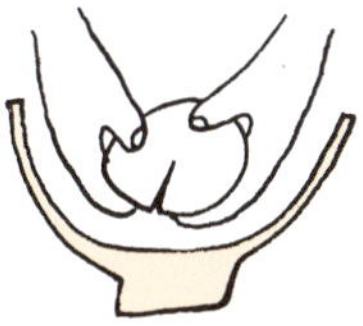

6 ふ卵器《らんき》にいれる

シャーレをかぶせた茶《ちゃ》わんをふ卵器《らんき》にいれてあたためる。ときどきとりだして、シャーレの上《うえ》からはいの育《そだ》つようすを観察《かんさつ》する。シャーレは長《なが》いあいだとると、空気中《くうきちゅう》のバクテリアがはいって、なかみがくさる。

ふ卵器《らんき》にいれる

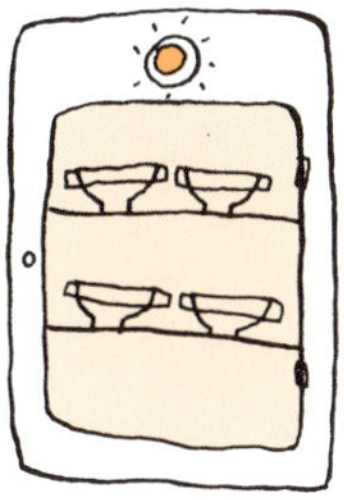

*たまごの中《なか》の二十日《はつか》間《かん》

たまごをあたためはじめてから、二十一日《にち》目《め》にひながかえります。この間《かん》、たまごの中《なか》ではいはどのように変化《へんか》していくのでしょう。ひなの育《そだ》ちかたをまとめてみましょう。

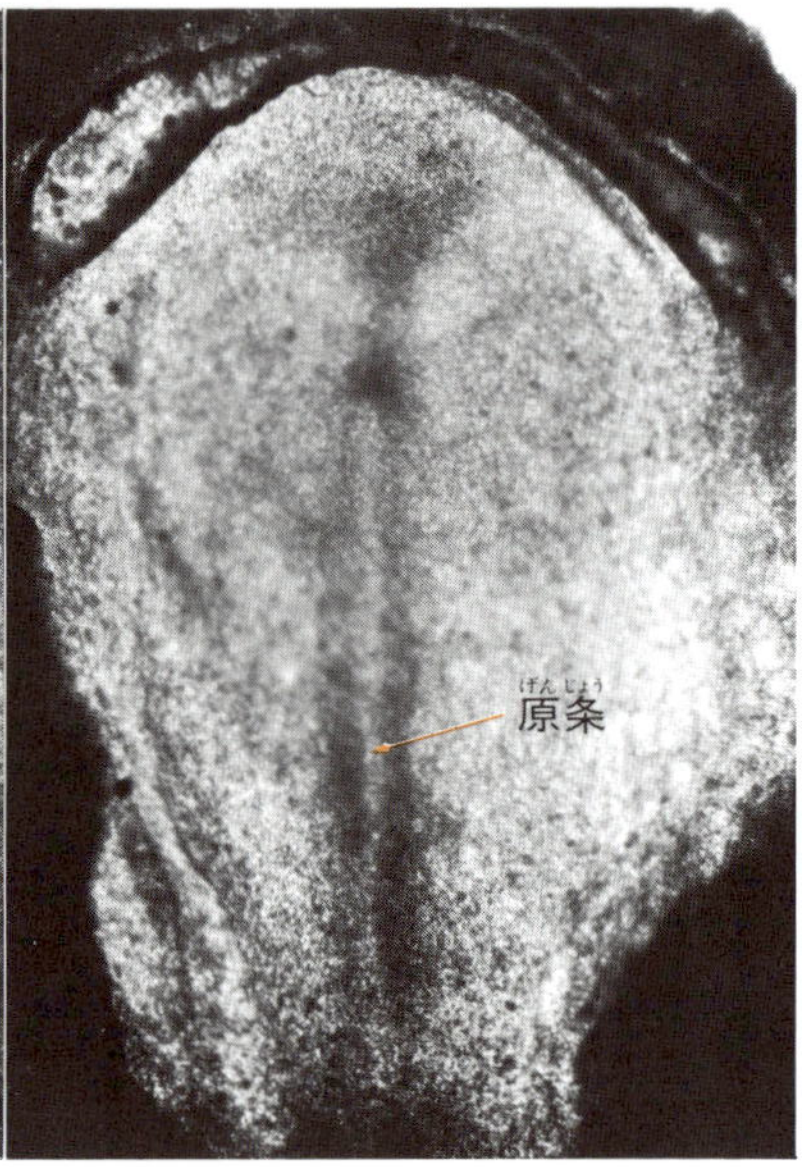
原条《げんじょう》

↑約《やく》16時間《じかん》目《め》。たまごの目《め》をとりだして，けんび鏡《きょう》で見《み》ると，約《やく》2ミリの原条《げんじょう》が見《み》える。

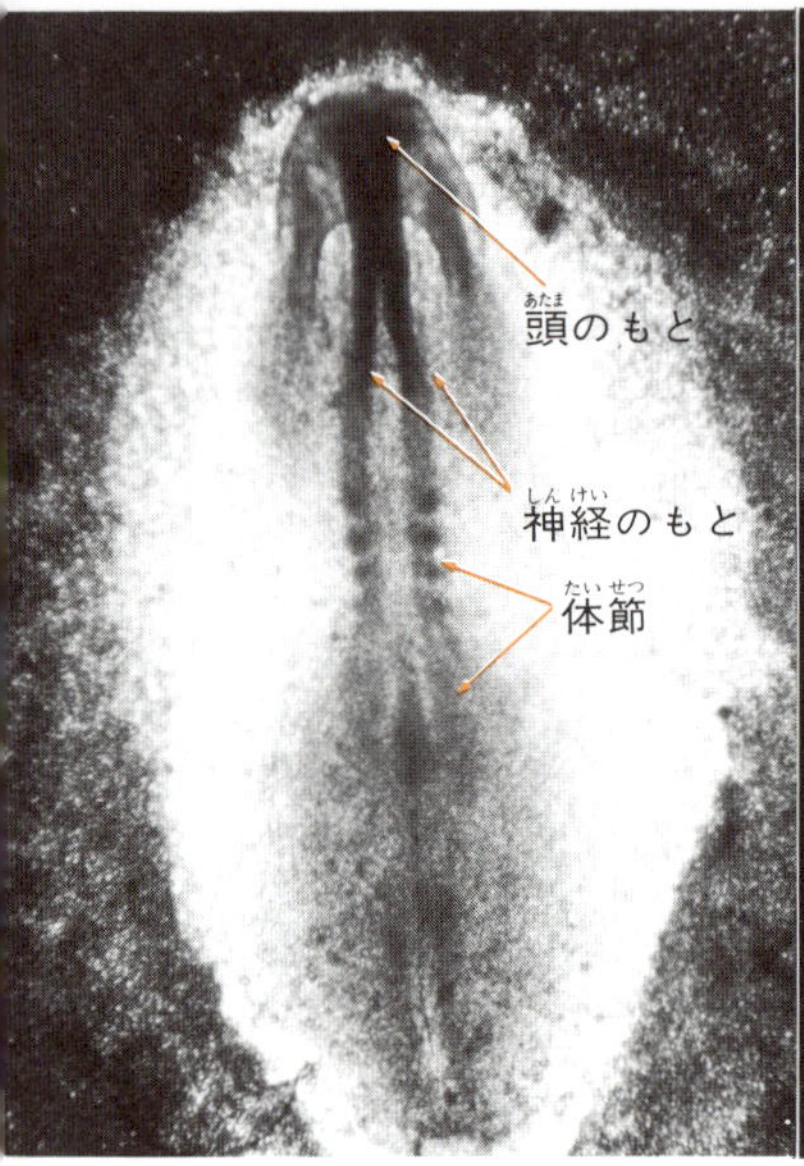
頭《あたま》のもと
神経《しんけい》のもと
体節《たいせつ》

↑約《やく》22時間《じかん》目《め》。はいは，約《やく》3ミリで，神経《しんけい》や体節《たいせつ》ができはじめる。

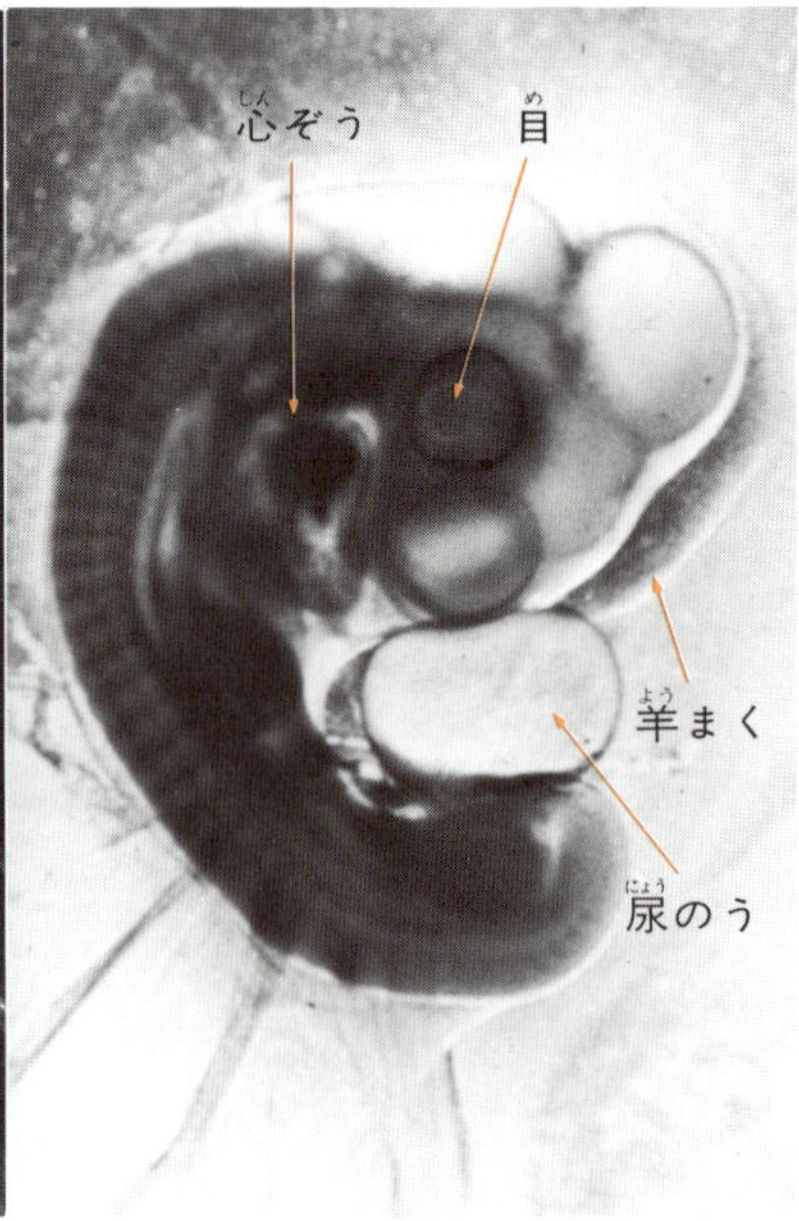
心《しん》ぞう
目《め》
羊《よう》まく
尿《にょう》のう

↑約《やく》4日《か》目《め》。約《やく》8ミリにのびたはいに，羊《よう》まく，尿《にょう》のうがあらわれる。血液《けつえき》のながれもはげしい。

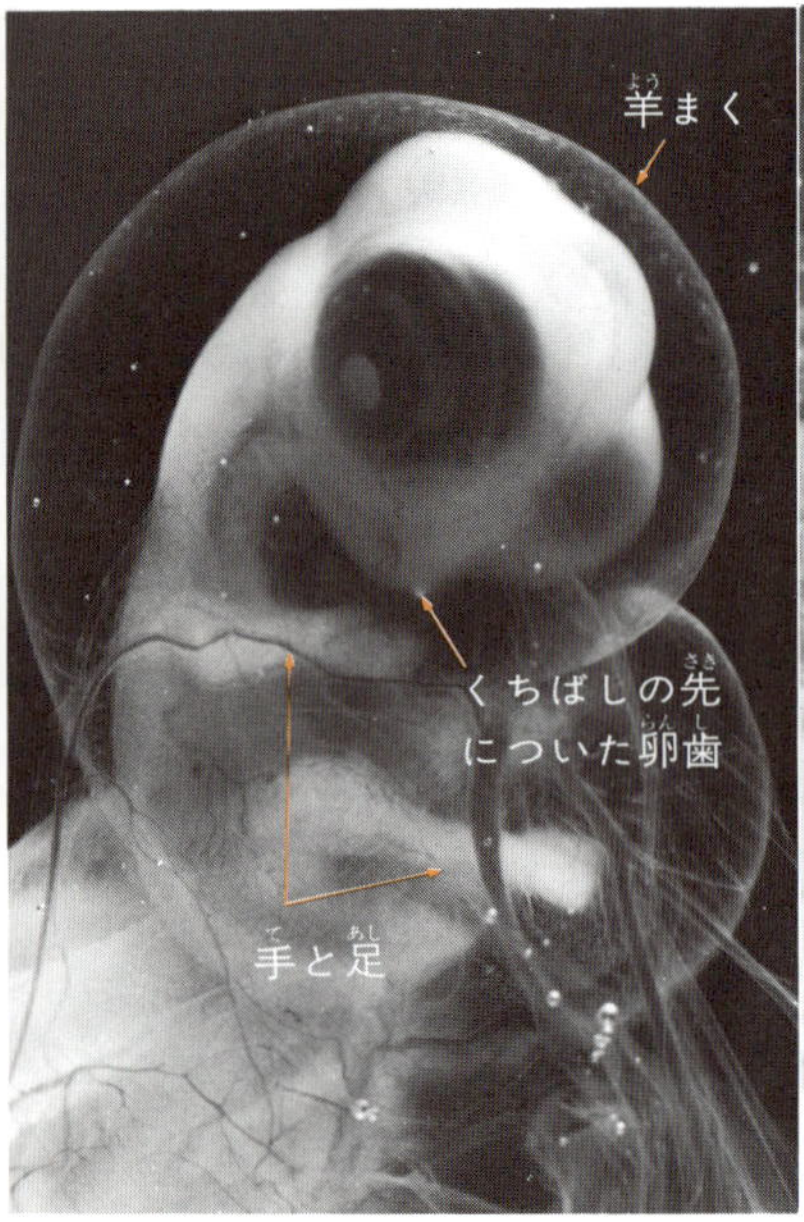
羊《よう》まく
くちばしの先《さき》
についた卵歯《らんし》
手《て》と足《あし》

↑約《やく》8日《か》目《め》。はいは，15ミリに成長《せいちょう》する。カプセルのような，すきとおったまくは羊《よう》まく。

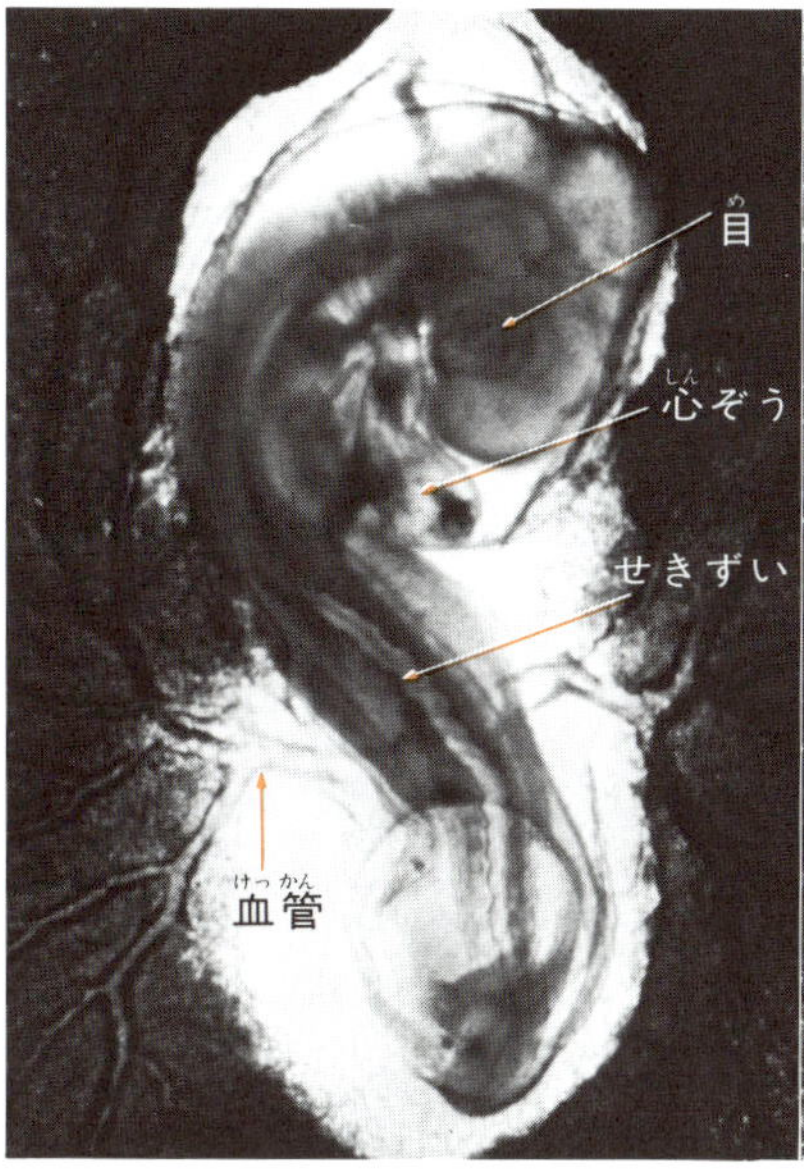

⬆約《やく》3日目《かめ》。頭《あたま》は，心《しん》ぞうをつつみこむようにまがる。目《め》もできはじめ，心《しん》ぞうは，はげしくうごく。

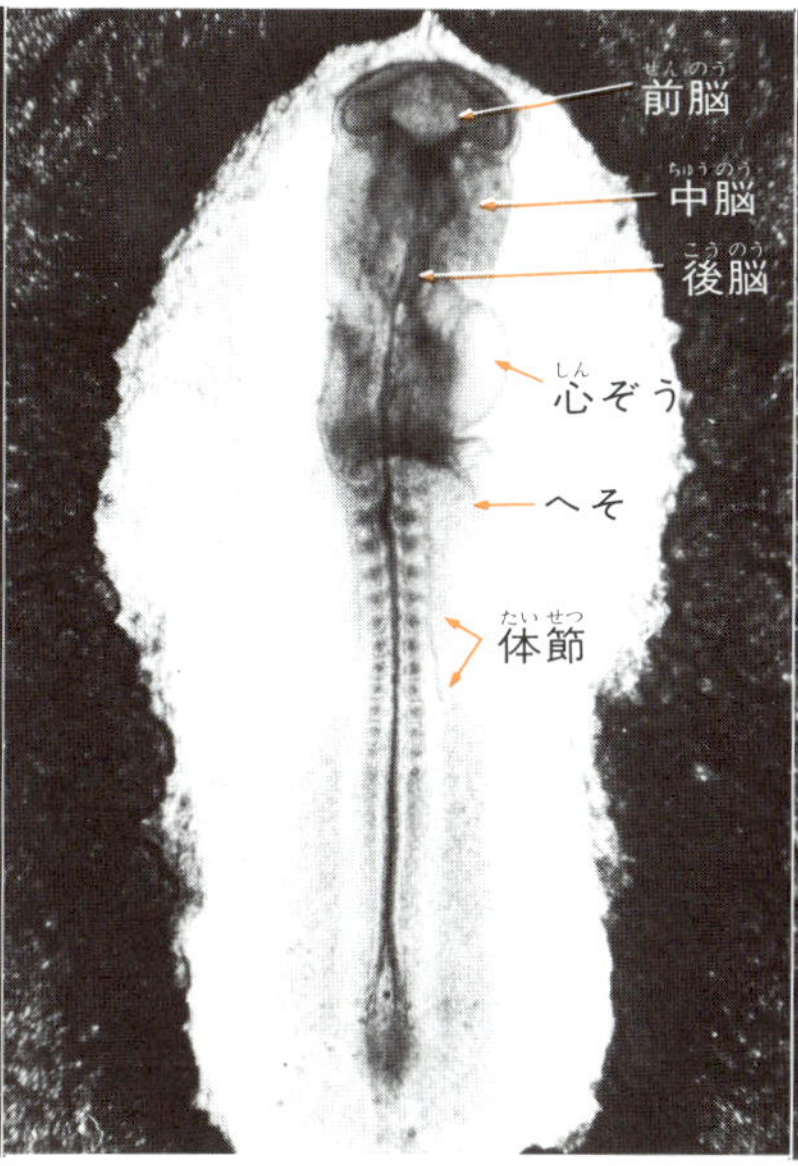

⬆約《やく》31時間目《じかんめ》。脳《のう》は，前《ぜん》，中《ちゅう》，後脳《こうのう》に区別《くべつ》され，心《しん》ぞうもくだ状《じょう》になる。

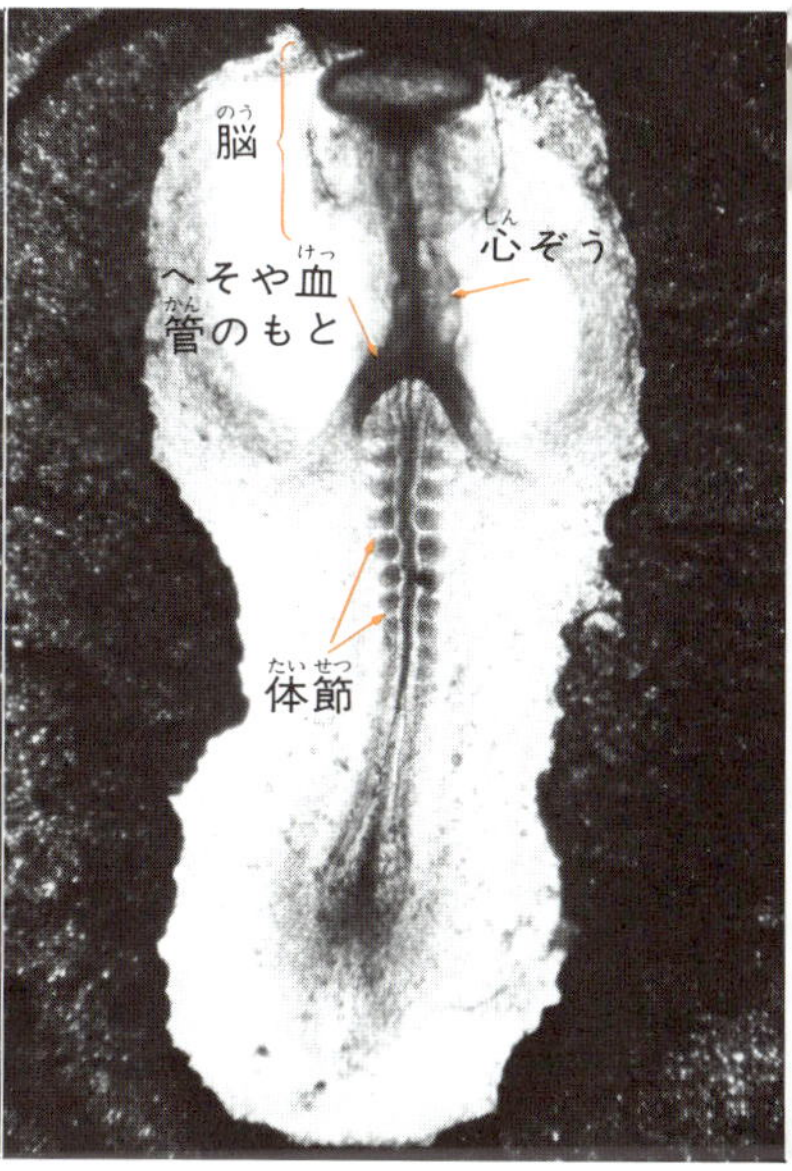

⬆約《やく》29時間目《じかんめ》。はいは，約《やく》4ミリで，脳《のう》や体節《たいせつ》が発達《はったつ》し心《しん》ぞうのもとができる。

⬆約《やく》20日目《かめ》。卵黄《らんおう》は，日《ひ》に日《ひ》に小《ちい》さくなっていく。きょうでたまごの中《なか》の生活《せいかつ》もおわり。

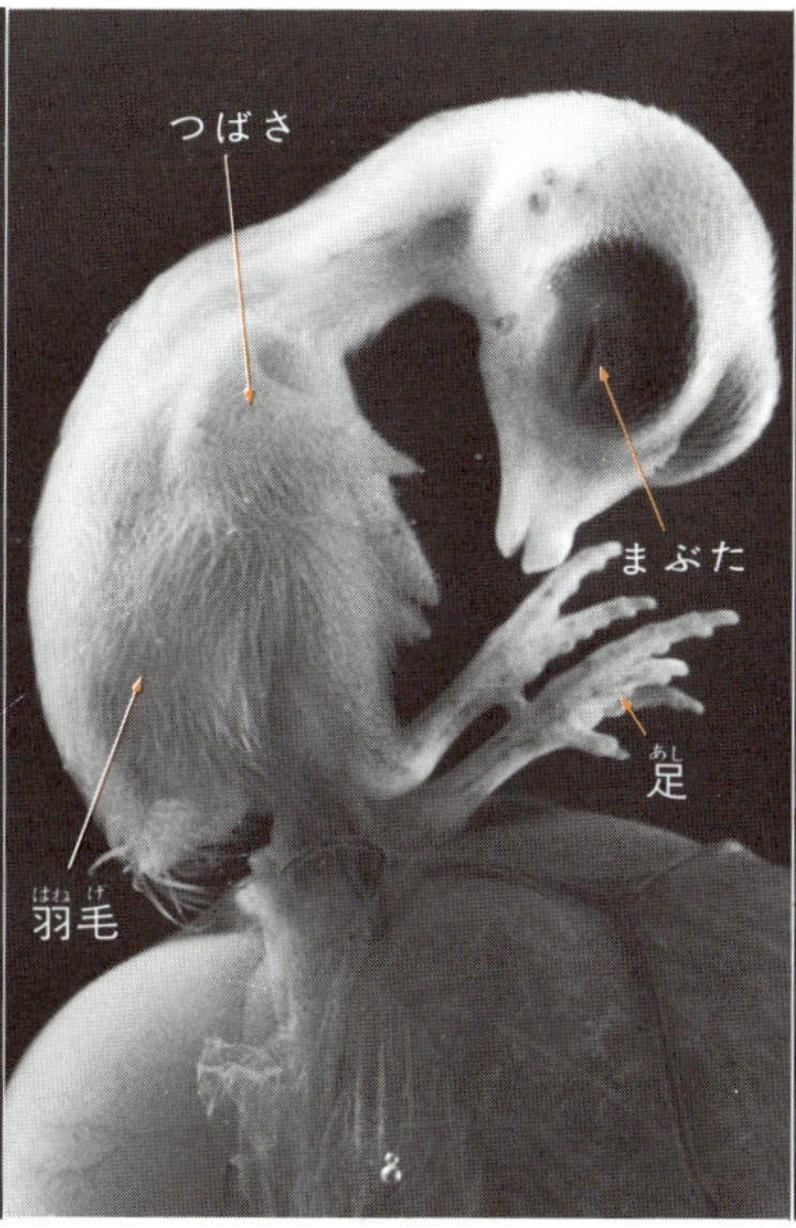

⬆約《やく》13日目《にちめ》。羽毛《はねげ》がはえ，まぶたはとじはじめる。つばさと足《あし》は，完全《かんぜん》に区別《くべつ》できる。

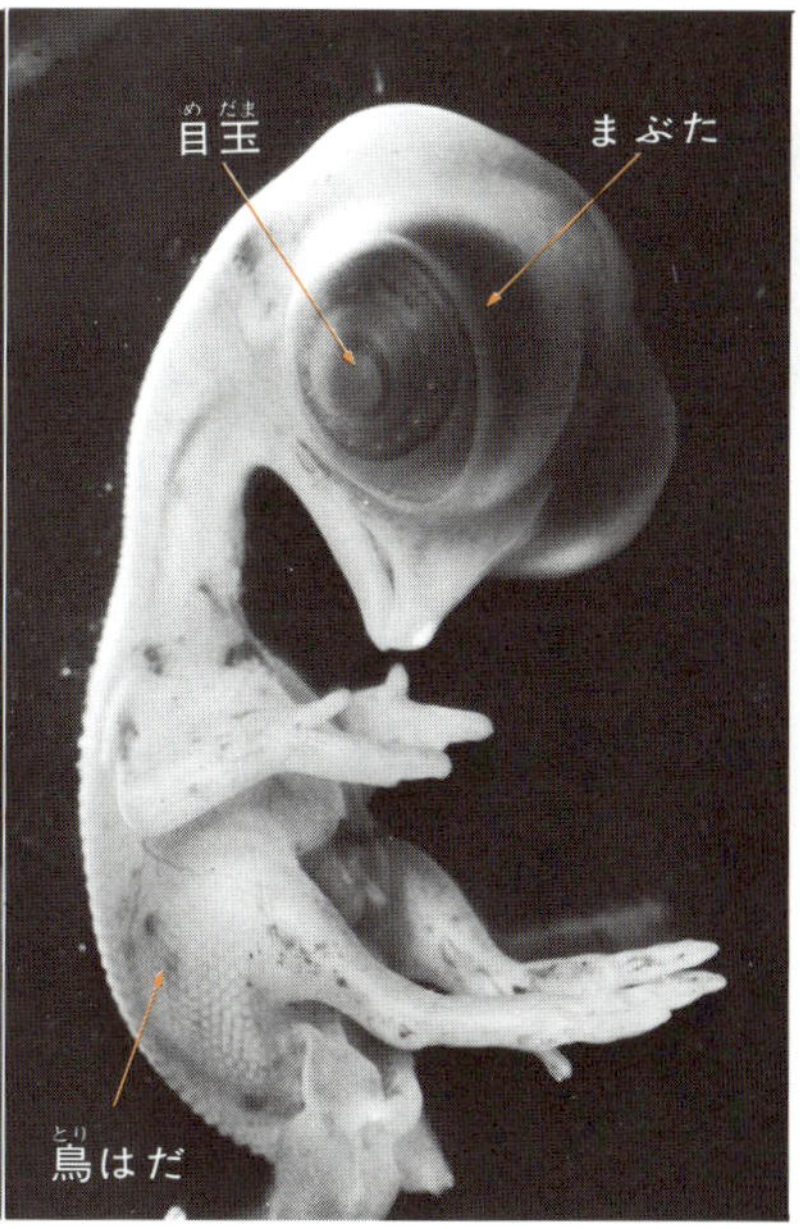

⬆約《やく》10日目《かめ》。皮《ひ》ふは，鳥《とり》はだのようになる。目玉《めだま》はむきだしで，まぶたはひらいたまま。

あとがき

畜産《ちくさん》試験場《しけんじょう》から、受精卵《じゅせいらん》を買《か》ってきて、ふ卵器《らんき》にいれました。あたためはじめてから三日《か》目《め》に、たまごをとりだして、そっと卵《らん》かくをやぶってみました。はっとしました。卵《らん》かくのあなごしに、はげしく、しかも規則的《きそくてき》にゆれうごくものが見《み》えたのです。あなをひろげてみました。赤《あか》い木《き》のえだのような血管《けっかん》が、運動体《うんどうたい》を中心《ちゅうしん》に、卵黄《らんおう》の上《うえ》にひろがっていました。うごいているのは、心《しん》ぞうだったのです。その心《しん》ぞうは一ミリほどの小《ちい》さなものでしたが、あきらかに二つ以上《いじょう》のへやに区切《くぎ》られているのがわかりました。いつも見《み》なれているあのニワトリのたまごが、わずか三日《か》ですばらしい生命《せいめい》のやく動《どう》を見《み》せてくれたのです。たまごの生命《せいめい》にとりつかれてしまいました。

それからは、たくさんのたまごをつかって、はいが大《おお》きくなる順序《じゅんじょ》を観察《かんさつ》したり、神経《しんけい》や目《め》や心《しん》ぞうのできかたもしらべました。茶《ちゃ》わんの中《なか》で育《そだ》てて、十六日間《にちかん》もいかしておくことに成功《せいこう》しました。この本《ほん》にのっている写真《しゃしん》の一枚《まい》一枚《まい》は、わたしの感動《かんどう》と観察《かんさつ》の記録《きろく》です。

東京都《とうきょうと》畜産《ちくさん》試験場《しけんじょう》浅川《あさかわ》分室《ぶんしつ》の名倉《なくら》清一《せいいち》さんをはじめ、試験場《しけんじょう》の多《おお》くの方《かた》がたには、技術面《ぎじゅつめん》での指導《しどう》をいただきましたし、また、撮影《さつえい》の便《べん》をあたえてもらうなど、たいへんおせわになりました。厚《あつ》くお礼《れい》を申《もう》し上《あ》げます。

清水《しみず》 清《きよし》

（一九七五年十月）

NDC488

清水　清

科学のアルバム　動物・鳥5

たまごのひみつ

あかね書房 2022

54P　23×19cm

科学のアルバム

たまごのひみつ

一九七五年一〇月初版
二〇〇五年 四 月新装版第 一 刷
二〇二二年一〇月新装版第一二刷

著者　清水　清

発行者　岡本光晴
発行所　株式会社 あかね書房
〒一〇一-〇〇六五
東京都千代田区西神田三-二-一
電話〇三-三二六三-〇六四一（代表）
http://www.akaneshobo.co.jp
印刷所　株式会社 精興社
写植所　株式会社 田下フォト・タイプ
製本所　株式会社 難波製本

ISBN978-4-251-03345-1
定価は裏表紙に表示してあります。
落丁本・乱丁本はおとりかえいたします。

○表紙写真

・たまごの中《なか》で育《そだ》つ 10日目《かめ》のはい

○裏表紙写真（上から）

・ふ化場《かじょう》でうまれたひな

・メダカのたまご

・ニワトリのひなの顔《かお》

○扉写真

・16日目《にちめ》のひな

○もくじ写真

・ニワトリのたまご

科学のアルバム

全国学校図書館協議会選定図書・基本図書
サンケイ児童出版文化賞大賞受賞

虫

モンシロチョウ
アリの世界
カブトムシ
アカトンボの一生
セミの一生
アゲハチョウ
ミツバチのふしぎ
トノサマバッタ
クモのひみつ
カマキリのかんさつ
鳴く虫の世界
カイコ まゆからまゆまで
テントウムシ
クワガタムシ
ホタル 光のひみつ
高山チョウのくらし
昆虫のふしぎ 色と形のひみつ
ギフチョウ
水生昆虫のひみつ

植物

アサガオ たねからたねまで
食虫植物のひみつ
ヒマワリのかんさつ
イネの一生
高山植物の一年
サクラの一年
ヘチマのかんさつ
サボテンのふしぎ
キノコの世界
たねのゆくえ
コケの世界
ジャガイモ
植物は動いている
水草のひみつ
紅葉のふしぎ
ムギの一生
ドングリ
花の色のふしぎ

動物・鳥

カエルのたんじょう
カニのくらし
ツバメのくらし
サンゴ礁の世界
たまごのひみつ
カタツムリ
モリアオガエル
フクロウ
シカのくらし
カラスのくらし
ヘビとトカゲ
キツツキの森
森のキタキツネ
サケのたんじょう
コウモリ
ハヤブサの四季
カメのくらし
メダカのくらし
ヤマネのくらし
ヤドカリ

天文・地学

月をみよう
雲と天気
星の一生
きょうりゅう
太陽のふしぎ
星座をさがそう
惑星をみよう
しょうにゅうどう探検
雪の一生
火山は生きている
水 めぐる水のひみつ
塩 海からきた宝石
氷の世界
鉱物 地底からのたより
砂漠の世界
流れ星・隕石